과학 한 입 베어물기

과학 한 입 베어물기

발행일	2023년 4월 24일

지은이   황선혁, 최혜령, 피병권, 최성현, 김하은, 구나연, 신혜원, 오연주, 이세은, 이화진, 정지호, 한재혁, 허예지
펴낸이   손형국
펴낸곳   (주)북랩

편집인	선일영	편집	정두철, 배진용, 윤용민, 김부경, 김다빈
디자인	이현수, 김민하, 김영주, 안유경	제작	박기성, 황동현, 구성우, 배상진
마케팅	김회란, 박진관		

출판등록   2004. 12. 1(제2012-000051호)
주소   서울특별시 금천구 가산디지털 1로 168, 우림라이온스밸리 B동 B113~114호, C동 B101호
홈페이지   www.book.co.kr
전화번호   (02)2026-5777   팩스   (02)3159-9637

ISBN   979-11-6836-838-5 03400 (종이책)   979-11-6836-839-2 05400 (전자책)

(주)**북랩** 성공출판의 파트너

북랩 홈페이지와 패밀리 사이트에서 다양한 출판 솔루션을 만나 보세요!

홈페이지 book.co.kr • **블로그** blog.naver.com/essaybook • **출판문의** book@book.co.kr

작가 연락처 문의 ▸ ask.book.co.kr

작가 연락처는 개인정보이므로 북랩에서 알려드릴 수 없습니다.

과학 한 입 베어물기

황선혁
최혜령
피병권
최성현
김하은
구나연
신혜원
오연주
이세은
이화진
정지호
한재혁
허예지
지음

북랩

과학
한 입 베어물기

공주대학교 벡터동아리

펴낸이들

공주대학교 벡터 동아리원을 소개 합니다!

"후배들과 으쌰으쌰 만들어 봤습니다! 즐겁게 읽으실 수 있기를 기대합니다 :)"

재기발랄한 활동가 ENFP

황선혁   생명과학과

동아리 회장
글 집필 / 편집 / 출판 총괄
hshartist@naver.com

- 졸논 끝나고도 근신경병 환자 대상 후성 유전학적 양상 연구 중 😵
- 졸업 직후 한국생명공학연구원에서 본격적인 노화 연구 참여 예정
- 인간 노화의 원인을 규명하고 극복하는 것이 인생의 최종 목표!

"책을 구매해 주셔서 감사합니다. 부족하지만 예쁘게 봐 주세요."

만능 재주꾼 ISTP

최성현   생명과학과

동아리 부원
카툰 담당

- 식물생리학, 화학 전공
- 전공 살려 취업하는 것이 목표

"생명과 학생은 아니지만 평소 책을 만들어 보고 싶은 차에 좋은 기회가 생겨 기쁘네요! 😊"

제 17번째 유형 ENFTJ

최혜령   가구리빙디자인학과

동아리 부원
일러스트 / 내지 디자인 총괄
yeongss_99@naver.com

- 자연을 좋아하는 디지털 노마드 준비생.
- 다양한 디자인 분야에 관심이 많아 여기저기 유영하며 탐험 중

"감사합니다 :)"

열정적인 중재자 INFP

김하은　생명과학과

동아리 부원
일러스트
kimhaeun321@daum.net

- 분자미생물학 전공
- 바이러스 감염 예방을 위한 VLP 백신 연구

"졸업 후 다양한 경험을 할 수 있어 좋았습니다. 모두 고생하셨습니다! 😌"

침대가 좋은 ISFP

정지호　게임디자인학과

동아리 부원
일러스트

- 게임 애니메이션 전공
- 다양한 게임을 즐겨하면서 만드는 일에 참여하는 중

"다 같이 열심히 만들었습니다. 재미있게 읽어 주세요!"

만능 재주꾼 ISTP

이화진　생명과학과

동아리 부원
글 집필
flflzhej@naver.com

- 분자미생물학 전공
- VLP를 이용한 바이러스 백신 연구

"벡터 덕분에 뜻깊은 경험을 많이 했습니다. 모두 고생하셨고 감사합니다!"

열정적인 중재자 INFP

구나연　생명과학과

동아리 부원
글 집필
ynz299z@gmail.com

- 연골세포 및 암세포의 세포내 신호경로 연구

"공주대 생명과학과에서 좋은 사람들과 동아리에서 만나 책을 냅니다! 많관부!"

용감한 수호자 ISFJ

한재혁　생명과학과

동아리 부원
글 집필
hjh980115@naver.com

- 연골세포에서의 분화유도와 세포사멸 억제 연구
- 뇌 과학과 치매 관련 연구 목표

"제가 꼭 하고 싶던 활동의 결과물을 펼칠 수 있다는 생각에 설렙니다. 재미있게 봐 주세요!"

실용주의 사교적인 외교관 ESTJ

허예지　화학공학부

동아리 부원
글 집필
yeji1236@naver.com

환경이라는 큰 틀을 기반으로 한 화학, 우주 등 다양한 분야에 대한
관심을 갖고 공부중

"조금 부족해도 모두 고생해서 열심히 만들었습니다! 많이 사랑해 주세요~♡"

자유로운 영혼의 연예인 ESFP + SEXY

피병권　생명과학과

동아리 부원
글 집필 / 검수 보조
pi0979@naver.com

- 응용유전체학 전공
- 희귀 근신경병증의 새로운 원인유전자 발견해서 노벨상 받기!

"보석처럼 아름답고 빛나는 대학생들이 열심히 만들었습니다~! 재미있게 봐 주세요! ♡"

자유로운 영혼의 연예인 ESFP

동아리 부원
글 집필

신혜원   지질환경과학과

freshgirl1031@naver.com

- 지질환경 및 생명과학 전공
- 대체 에너지 및 환경분야에 많은 관심을 갖고 공부중

"뱁새가 황새 따라가다 가랑이 찢어졌는데.. 그래도 화이팅"

자유로운 영혼의 연예인 ESFP

동아리 부원
글 집필

오연주   생명과학과

- 조류세포생리학 전공
- 김의 질병 중 하나인 붉은갯병균 연구 수행중

"여러 관심사들이 모인 멋진 기록에 함께해서 즐거워요."

다재다능한 발명가 ENTP

동아리 부원
글 집필

이세은   생명과학과

selee320@naver.com

- 생명과학, 원예학 전공
- 초록 이야기를 전하는 식물 전문가

차례

한입.

의료와 건강, 식품

수천년 인류 역사에서 과학 발전의 공통적 목표는 바로 건강하고 행복한 삶이었다,
우리는 그들로부터 어떤 혜택을 받고 있나?

신의 축복, 노화

삶을 갉아먹는 질병, 치매

제로 칼로리, 정말 0kcal일까?

나는 김을 어디까지 알고 있나?

1-1장

신이 내린 축복, 노화

"I want to go when I want. It is tasteless
to prolong life artificially. I have done my share,
it is time to go. I will do it elegantly.

(나는 내가 떠나고 싶을 때 떠나고 싶소.

인간의 기술로 삶을 늘리는 건 천박한 짓인 거 같소.

내 사명은 이제 끝냈으니, 우아하게 갈 때라오.)"

- 알베르트 아인슈타인(Albert Einstein, 1879~1955) -

1-1장 신이 내린 축복, 노화

불로불사(不老不死)란, 늙지 않고, 죽지 않는 것을 의미하는 말이다. 동서양을 막론하고 불로불사는 전 인류의 오랜 소망이다. 불로불사에 대한 최초의 설화는 기원전 2000년경 메소포타미아에서 쓰여진「길가메시 서사시」로, 최초로 문자가 탄생한 문명에서 쓰여졌다는 것을 미루어 볼 때, 문자와 문명이 발생하기 훨씬 이전부터 이미 불로불사에 대한 갈망이 시작된 것이 아닐까 싶다.

불로불사의 대명사, 진시황제

인류는 문명을 이룩하고 세계 곳곳에서는 불로불사를 향한 피의 대가를 치뤘다. 불로불사를 향한 광기가 빚은 가장 유명한 인물이 있다. 바로 중국 통일 왕조의 최초의 황제, 진시황제(Qin Shi Huangdi : 始皇帝, BC259~BC210)이다.

▲ 진시황과 병마용. 그는 살아생전 불로불사를 꿈꾸고, 죽어서도 영생을 누리고자 당시 불로초로 여겼던 수은과 점토 병사들을 배치한 무덤을 만들었다.

그는 그가 꿈꾸는 통일 국가를 건설하기 위해 만리장성 축조에 150만 명의 백성을 투입했고, 분서갱유라는 사상 통제 정책을 펼치며 수백명의 학자를 생매장했다. 또한 불로불사를 이루게 해줄 불로초를 찾기 위해 수많은 신하들을 전국과 해외로 파견했다. 그러나 불로초라는 게 존재할 리 만무했고, 당시 상온에서 물처럼 흐르는 금속인 수은을 불로불사의 명약으로 착각해 복용했다.

수은은 체내에서 멜라닌 색소를 제거하고 혈액 공급을 방해해 일시적으로 피부가 하얗고 팽팽하게 보이게 한다. 중금속 중독으로 세포가 죽어 가는 모습을 보며 불로불사를 손에 넣은 것이라 착각한 그는 끝내 수은 중독으로 온몸이 썩고 정신병을 얻어 폭정을 일삼다 허무한 죽음을 맞이했다.

사람을 살리는 약에서 죽이는 약으로, 화약의 탄생

동양에 불로초가 있다면 서양에는 불사의 영약(Elixir of life)이 있었다. 현자의 돌, 생명의 물, 꿀의 웅덩이 등 1000개가 넘는 이름으로 불려 왔던 이 물질은 돌을 금으로 바꾸고, 사람은 영생으로 인도하는 지구상 가장 완전한 물질로 여겨졌다.

이렇게 금을 연성하고 영생을 취하고자 발달시켰던 이 기술을 연금술이라 불렀는데, 고대 메소포타미아 문명으로부터 유래된 연금술은 이집트, 페르시아, 인도, 중국을 거쳐 19세기 유럽에 이르기까지 약 4000여 년간 명맥을 이어 갔다.

유럽의 근대화와 함께 과학 기술의 메카가 중동에서 유럽으로 건너오며, 1661년 로버트 보일(Robert Boyle, 1627~1691)이 《회의적인 화학자. (The Sceptical Chymist)》를 발간한 것을 계기로 화학이 연금술로부터 독립하며 학문으로써 자리 잡았다.

또한 중국 연금술사에 의해 발명된 최초의 화약은 근대 유럽의 화학 기술을 만나점차 개량되며, 19세기에 이르러 오늘날까지도 이어져 오는 강력한 화약인 '흑색 화약'으로 진화하여 세계 곳곳을 제국주의의 피로 물들였다. 인류를 죽음으로부터 해방하기 위해 수행해 왔던 연구가 오히려 인류를 죽음으로 내몰았다는 사실은 아이러니하다.

노화의 다양한 기작

이렇듯 수많은 시도가 있었음에도 우리가 아직 노화를 정복하지 못한 이유는 무엇일까? 그 이유는 노화라는 기작을 일으키는 원인이 셀 수 없이 많은 요인들에 의해 작용하기 때문이다. 예를 들어 유전병의 경우 특정한 유전자의 돌연변이에 의해 발생한다. 따라서 유전자 치료를 통해 원인(돌연변이)을 제거하면 치료가 가능하지만, 노화는 선천적인 설계와 후천적인 풍화에 의해 발생하는 것이기 때문에 어느 정도 억제는 가능할지 몰라도 본질적인 치료는 불가능하다는 것이 내가 생각한 결론이다.

그렇다면 이런 노화를 일으키는 요인에는 무엇이 있을까. 노화를 일으키는 대표적인 요인 몇 가지를 소개하겠다.

ⅰ. 텔로미어의 단축

텔로미어(telomere)는 그리스어로 끝을 뜻하는 'telos'와 부위를 뜻하는 'meros'의 합성어로, 염색체 끝부분을 구성하여 세포가 분열할 때 염색체 중앙에 위치한 중요한 유전 정보가 소실되지 않도록 보호한다. 과학자들은 대중들의 이해를 돕기 위해, 텔로미어를 신발끈이 풀리지 않게 보호하는 플라스틱 캡에 비유하기도 한다.

선형 유전자를 가진 세포는 분열 과정에서 필연적으로 가장 끝부분의 유전 정보를 잃게 된다. 따라서 세포 분열을 할수록 유전 정보 소실이라는 리스크를 떠안아야 한다. 그래서 대부분의 선형 유전자에는 텔로미어라는 부위가 존재하는데, 텔로미어는 단백질을 암호화하진 않지만 단백질을 암호화하는 중요한 유전자를 대신해 스스로를 희생하여 주요 유전 정보를 보호한다. 그러나 이러한 텔로미어가 세포 분열에 의해 모두 소실되면 주요 유전자가 손상되거나 유실된 돌연변이 세포가 되는데, 체내에서는 늙은 세포가 돌연변이 세포로 변하기 전에 체세포의 분열을 정지시킨다. 그렇게 더 이상 건강한 체세포로 분열할 수 없는 노화 세포가 쌓여 가는 과정을 우리는 노화 현상이라 부른다.

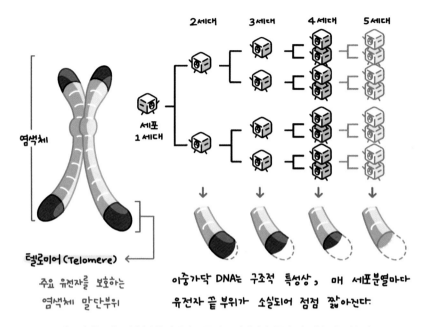

염색체

텔로미어 (Telomere) ←
주요 유전자를 보호하는
염색체 말단부위

이중가닥 DNA는 구조적 특성상, 매 세포분열마다
유전자 끝 부위가 소실되어 점점 짧아진다.

▲ 텔로미어는 세포가 분열할 때마다 조금씩 소실되다가, 끝내 세포 분열을 멈춘다.

　　그러나 노화로부터 자유로운 세포가 있는데 바로 생식 세포와 줄기세포이다. 이들은 소모된 텔로미어를 다시 복구하는 효소인 '텔로머레이스'를 가지고 있어, 이론적으로는 불로불사를 누린다. 그래서 과학자들은 노화를 극복하게 할 핵심 키워드로 텔로머레이스에 주목했다.

　　하지만 과학자들의 기대와는 다르게 텔로미어를 복구하는 것이 곧 불로불사의 명쾌한 해답이 되지는 못했다. 텔로머레이스를 가진 세포들 중에는 위협적인 불청객이 포함되었기 때문이다. 바로 암세포이다. 텔로머레이스의 활성을 띤 세포는 분열 횟수의 제한이 없다는 특징을 가진다. 그리고 무려 암세포의 85%에서 텔로머레이스의 활성이 보였다. 종을 건강하고 젊게 보존하기 위해 작동하는 메커니즘을 악용하는 암세포의 등장은 텔로머레이스 활성을 이용한 항노화 연구의 가장 큰 걸림돌이 되었다.

　　따라서 오늘날에는 텔로머레이스를 사용하지 않고, 텔로미어를 유지할 수 있도록 하는 대안적 텔로미어 유지 기전(Alternative Lengthening of Telomeres, ALT)이 활발히 연구 중이다.

ii. 활성 산소의 생성

활성 산소(reactive oxygen species, ROS)란, 호흡에 의해 체내에 들어온 산소가 대사 과정을 거치면서 생성되는 부산물 중 하나이다(전체 산소 소비량 중, 약 2%). 활성 산소는 높은 에너지에 비해 구조가 매우 불안정하여, 주위 조직으로부터 무작위로 전자를 빼앗아 스스로를 안정화한다. 이 과정에서 생체 조직이 파괴되고 노화를 촉진한다.

생명체가 살아 숨 쉬는 이상, 이 초소형 폭탄의 생성을 막을 수는 없다. 그러나 이 폭탄으로부터 충격을 최소화할 수 있는 보호 장치를 가지게 되었는데, 이게 우리가 흔히 일컫는 항산화 물질이다. 대부분 항산화제는 주로 식물에서 유래한다. 식물은 광합성을 통해 에너지를 얻지만, 수용할 수 없을 만큼 과한 빛은 도리어 다량의 활성 산소를 발생시켜 식물 조직을 파괴한다. 이를 억제하기 위한 완충제로써 식물은 잎에 다량의 항산화 물질를 구비해 둬 활성 산소에 의한 피해를 최소화한다.

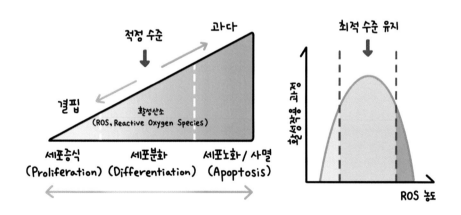

▲ 활성 산소는 어느정도 적정 수준을 유지해야 한다.

그렇다면 인간도 항산화제를 복용해 체내 활성 산소를 제거하면 노화를 억제할 수 있지 않을까 싶지만, 이 방법 또한 바람직하지만은 않다. 활성 산소는 노화를 일으키는 독성 부산물이기도 하지만, 세포 내에서 신호 전달 기능을 수행하거나, 아직 면역 체계가 발달하지 않은 유아에게서는 거의 유일한 면역 기능을 수행하기도 한다.

물론 과한 활성 산소는 독이 되지만, 활성 산소를 지나치게 억제하면 체내 대사 활동이 원활히 작동하지 않아 장기적으로 악영향을 미친다. 따라서 무작정 활성 산소를 줄이는 것보다 스트레스를 최소화하고 충분한 수면을 취해, 체내 활성 산소를 적정 수준 유지하는 것이 중요하다.

iii. 후성 유전학적 요인

후성 유전학(後成遺傳學, epigenetics)이란, 그리스어로 '~후의, ~외의'를 의미하는 'epi'와 유전학 'genetics'의 합성어로 DNA 염기 서열 외에 유전자 발현을 조절하는 현상을 연구하는 학문이다.

근현대에 이르러 인류는 생물의 유전 현상의 주체가 DNA 염기 서열에 있음을 밝혀내고, DNA만이 생물체를 구축하는 완전무결한 설계도라고 생각했다. 그러나 DNA만으로 설명할 수 없는 유전 현상이 존재했고, 과학자들은 DNA 염기 서열 외에도 유전자의 발현을 조절하는 다양한 요인이 있음을 밝혀냈다.

대표적인 후성 유전학적 인자로는 DNA를 응축하는 히스톤 단백질의 변형이나, DNA의 외골격에 메틸기 또는 아세틸기가 붙어 DNA의 발현을 억제하거나 증폭시키는 경우가 있다. 이런 후성 유전학적 변이는 생물이 살아가는 동안 계속 누적되는데, 예를 들어 대사 활동에 관여하는 유전자가 메틸화되면 발현이 억제되며 끝내 신진대사가 저하되어 노화를 촉진한다.

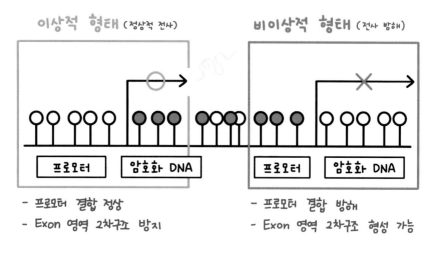

▲ 메틸화는 유전자 부위별로 도움이 될수도, 해가 될수도 있다.

일반적으로 바람직한 형태는 프로모터 부위는 탈메틸화되어 전사 인자가 붙기 쉬운 상태로 유지되어야 하고, 실질적인 단백질을 암호화하고 있는 엑손 영역은 자기들끼리 꼬이지 않게 하기 위해 어느 정도 메틸화되어 있는 형태가 바람직하다.

나이가 듦에 따라 유전자 곳곳에서 메틸화 또는 탈메틸화가 진행되는데 여기에는 규칙이 존재하기 때문에, DNA의 메틸화 레벨을 측정함으로써 DNA 주인의 나이를 추측할 수 있다. 물론 DNA를 추출한 조직마다 메틸화 수준에도 편차는 존재하지만, 다른 조직을 사용하더라도 고작 43개월 이내의 오차 범위 내에서 나이를 예측할 수 있다고 한다.

지금 글쓴이 본인이 졸업 논문 주제로 연구 중인 것이, 유전 신경병 중 하나인 CMT1A 환자와 비환자 간의 메틸레이션 양상 분석이다. 아직 분석이 다 끝나진 않았지만, 일반적으로 염기 서열 돌연변이는 A, T, C, G로 표현되기에 또렷한 차이가 있고, 변이에 의한 증상도 비교적 확실해 분자 진단을 하기에 유리한 반면, 메틸레이션은 환자와 비환자 간의 차이가 크지 않고 0~1 사이의 값으로 측정된 메틸화 수준을 분석해야 하기에 유의성을 찾기가 쉽지가 않다. 심지어 이런 후성 유전학적 마커는 배아 세포 및 배아 생식 세포 형성 과정에서 일부 제거되기 때문에 일반적인 유전 법칙을 적용하기 어렵다.

여담이지만 후성 유전학의 등장은 제2차 세계대전과 인연이 깊다. 2차 세계 대전의 마지막 겨울, 나치 독일이 네덜란드를 봉쇄하며 연료와 식량의 공급이 중단되어 수많은 시민들이 아사 직전에 내몰렸다. 이를 네덜란드 대기근이라 부르는데, 임신 초 3개월에 기근을 겪은 산모의 자녀는 커서 정신병에 걸리거나 비만이 될 확률이 높았다. 그리고 그 다음 세대까지 이런 형질이 전해졌다. 즉, 네덜란드 대기근에 의해 후성유전학적 변이가 발생했고, 다음 세대까지 전해진 것이다.

또한 비슷한 시기, 소련에는 후성유전학을 주장하는 유전 학자가 있었는데, 바로 트로핌 데니소비치 리센코(Трофи́м Дени́сович Лысе́нко, 1898~1976)이다. 그는 우크라이나의 평범한 농민의 아들로 태어나 소련의 농업 연구소에서 춘화 처리[1] 연구로 명성을 쌓기 시작했다. 본래 춘화 처리는 우크라이나 농부들이 경험을 통해 습득해 관습적으로 행해 오던 기술로 시간을 들여 종자에 저온 처리를 해야 했다.

그러나 리센코는 춘화 처리를 한 번만 해도, 종자에 휴면기에 획득한 형질이 기억되어 그다음 세대부터는 춘화 처리를 하지 않아도 싹이 튼다는 연구 결과를 발표했다. 연구 기간도 짧고, 내용도 부실했지만 농업 개혁(집단 농장 체제로 전환)으로 농업 생산량이 곤두박질치고 있는 상황에, 당시 명망 있던 인민 출신의 과학자 리센코의 주장은 당에 채택되어 소련 농업 전반에 도입되었다.

결과는 참담했다. 두 가지 악재가 겹쳐 농업 생산량이 크게 줄어, 끝내 적성 국가인 미국에게 식량을 구입하는 지경에 이르렀다. 그럼에도 그의 출신 성분과 획득 형질 유전의 사상적 배경(용불용설)이 공산주의의 사상과 일치해 제2차 세계 대전이 끝난 이후에도 소련 농업 산업을 계속 말아먹다가 끝내 퇴출당했다. 그에 대한 일대기는 로렌 그레이엄의 '리센코의 망령'이라는 책에 자세히 묘사되어 있다.

오늘날, 과학적인 증명하에 후성 유전학이라는 학문이 등장하여 활발히 연구되고 있다. 그러나 모든 사람에게서 나이가 듦에 따라 비슷한 메틸화 양상이 발견된다는 것과, 발생 단계에서 후성 유전학적 변이가 초기화된다는 점에서, 어쩌면 우리의 노화는 태어나서부터 설계된 것이 아닌가도 싶다.

---

1) 춘화 처리 : 휴면기가 필요한 작물(밀, 보리 등)에 인공적으로 저온 처리를 하는 기술이다. 종자의 발아율과 생장률이 증가한다.

iv. 유전체의 불안정성

이중 나선 구조로 구성된 DNA는 가장 안정한 형태의 핵산이지만, 복제 과정에서 불가피하게 미스매치[2]가 발생한다. 이 미스매치의 발생률은 10^5분의 1로 매우 낮지만, 사람이 가진 염기쌍의 개수는 3x10^9이므로, 체세포 분열마다 무려 3만 개의 변이가 발생한다.

그러나 DNA 합성 공장에는 엄격한 품질 관리 시스템이 작동해 대부분의 미스매치를 제거하고 정상적인 서열로 교체하지만, 약 1/10^7의 미스매치는 고치지 못한 채 출하한다.

즉, 체세포 분열마다 고작 300개 정도의 변이가 발생하는 것인데, 애석하게도 사람은 약 37조 개로 이루어진 다세포 생물이다. 사람은 이 공동체를 유지하기 위해 일평생 약 1000조 번 세포 분열을 경험하기에, 결국 우리는 세포 분열을 멈춘 돌연변이 세포 덩어리가 되어 생을 마감할 운명인 것이다.

v. 그 외 다양한 노화 유발 인자들

노화를 일으키는 원인은 위에 언급한 요인 외에도 다양한 원인이 존재한다. 몇 가지 예시로 단백질 균형 붕괴, 미토콘드리아 기능 장애, 줄기세포의 고갈, 세포 간 신호 전달 기능 저하 등이다.

이런 다양한 요인들을 나열해서 보면 별개의 이유로 보일 수 있지만, 큰 틀을 놓고 보면 서로 상통한다. 생명체는 살아가면서 화학적, 물리적 스트레스를 마주하는데, 스트레스에 의한 변이나 독소가 신체에 누적되어 신진대사가 저하되는 것이 노화고, 나아가 더 이상 개체를 유지하지 못하는 순간이 오는 것이 죽음이다.

---

2) 미스매치 : DNA 복제나 재조합 중에 발생하는 잘못된 결합

노화의 징표 (hallmarks)

손상에 의한, 주요 징표

유전체 불안정성

텔로미어의 마모

후성 유전학적 변형

단백질 항상성 상실

자가포식 기능 장애

손상에 대한, 길항적 특징

영양소 감지능력 감퇴

미토콘드리아 기능 장애

세포의 노화

표현형에 영향을 주는 통합적 특징

세포간 의사소통 변화

줄기세포 고갈

장내 미생물 불균형

만성적인 염증반응

▲ 2023년 1월에 세계적으로 저명한 과학 저널인 Cell에 게재된 논문,
The hallmarks of aging에서 제시한 12가지 노화 현상의 특징(hallmark)에 대한 그림.

이 논문에서는 노화를 유발하는 원인이 매우 다양하고 복잡하며, 논문에서 언급한
12가지 노화의 특징들이 서로 연관되고 상호 의존적인 기작이기 때문에
특정 노화 현상에만 집중할 것이 아니라 한번에 여러 현상들에 대한
복합적인 노화 억제 연구를 수행해야 한다고 주장했다.

우리는 왜 늙어 가는가?

노화와 죽음에 대한 의문은 내가 생명과학과에 진학하게 된 계기였다. 랍스터나 작은보호탑해파리, 히드라와 같은 미물도 생물학적 영생을 사는데, 첨단 의료 기술을 보유한 인간이 수천년째 노화를 정복하지 못했다는 것은 고교 시절의 나는 이해할 수가 없었다. 그리하야 생명과학과에 진학한 대학 시절의 나는 노화의 실마리 대신, 인간이 노화를 정복할 수 없었던 이유를 깨달았다. 노화는 철저하게 진화적 설계에 의한 생명 현상인 것이다. 이렇게 생각하게 된 이유는 다음과 같다.

먼저 노화는 식물보다 동물에서 더 가혹하게 작용한다. 식물은 에너지 순환에서 생산자 역할을 수행한다. 태양으로부터 도달한 광 에너지를 화학 에너지로 변환하여 사용하기 때문에, 식물은 수십억 년부터 단 한번도 끊기지 않는 에너지원을 확보한 셈이다. 반면 동물은 그러지 못하다. 각자 자신의 기초 대사량을 상회하는 에너지를 섭취해야 하기에, 동물은 자신의 삶을 영위할 수 있는 최소한의 면적만큼은 사수해야 한다. 이것이 영역이라는 개념의 발생 이유이다.

그리고 동물은 영역을 지키기 위해서 끊임없이 경쟁해 왔다. 자신 또는 자신의 무리를 지키기 위해서는 누군가와 경쟁하여 활동 영역을 확보해야 한다. 그러나 생동하는 지구의 환경은 시시각각 변하는 법, 생존 경쟁에서 우위를 점하고 격변하는 환경에 적응하기 위해 생명체는 환경에 발맞춰 진화를 거듭해야만 했다.

그리고 이런 환경 변화에 가장 유리한 형질이 바로 짧은 생애 주기이다. 급변하는 환경에서 번성할 수 있는 방법은, 빠르게 자손을 낳아 새로운 환경에 유리한 형질을 가진 개체가 번식하여 그 환경을 선점하는 것이다. 한 세대가 12일 전후인 초파리처럼, 빠르게 세대교체가 일어나는 종은 대게 환경 변화에 대한 적응력이 뛰어나다. 이에 반해 한 세대와 수명이 긴 종은 급변하는 환경에서 빠르게 적응할 수가 없다. 그래서 대부분 동물들은 수명에 상한선을 둠으로써, 개체 수준에서는 노화와 죽음이라는 저주를, 종 수준에서는 반영구적인 번영을 약속했다는 게 나의 생각이다.

불사(不死)는 유용한가?

그리스 로마 신화에서 나오는 티토노스는 불사(不死)의 몸을 얻었지만, 불로(不老)는 얻지 못했기에 엉겁의 세월 동안 죽는 것보다 끔찍한 삶을 전전하다가 끝내 매미가 되었다. 이처럼 불로불사는 신만이 소유한 전유물이었기에 많은 사람들은 숙명으로써 받아들이고 살아갔다. 천하를 호령하던 황제나 독재자, 권력자들은 자신의 누리는 모든 것들을 포기하지 못해 불로불사를 꿈꿨지만 끝내 달성하지 못했다. 한편 권력자들의 쇠퇴와 죽음은 다른 세력의 역전의 기회를 제공하기도 했다.

결국 내가 노화 연구를 꿈꾸며 생명과학을 전공하면서 깨달은 노화란, 생물에게 있어서 필연적이자 필수적인 기작이다. 자연상의 우두머리가 있는 대부분의 무리에서는 젊은 도전자와 숙련된 노익장의 끊임없는 왕위 쟁탈전이 벌어진다. 젊은 도전자의 무기는 강한 체력과 적응력이고, 노익장의 무기는 노련한 경험과 지식이다. 각자의 역량의 격차가 역전되었을 때 비로소 새로운 우두머리가 탄생하고 무리를 새로운 방향으로 이끈다. 그러나 경험과 지식을 가진 노익장이 늙지 않는 젊은 몸까지 가지고 있다면 이런 일이 가능할까?

인간 사회도 마찬가지라 생각한다. 독재자의 죽음은 민주주의를 꿈꾸는 젊은이들에게 혁명의 씨앗을 움틔어 줬고, 재력가의 죽음은 부의 분산으로 이어졌다. 그렇기에 노화와 죽음이 반드시 나쁜 것이라 단언할 수 없는 것이다.

오늘날에도 활발히 진행되고 있는 노화 연구의 초점은 고전적인 기대 수명(life span) 연장에서, 건강 수명(health span)의 연장으로 변환하는 추세이다. 문명과 함께 시작한 불로불사의 꿈을 우리 대에서 이룩할 수 있을까. 나는 예정대로 평생을 노화 연구에 헌신할 계획이다. 그리고 언젠가 노화 연구의 최전선에서 그 끝을 목격하노라.

- 노화 섭렵을 꿈꾸는, 황학사 -

1-2장

삶을 갉아먹는 무서운 병 치매

치매라는 병을 들어 보지 못한 사람은 거의 없다. 그러나 치매를 직접 겪어 본 사람은 그리 많지 않을 것이다. 치매는 대부분 60세 이상의 노인에게서 주로 일어나는 질병이기 때문이다. 우리나라에서의 치매 환자가 2017년 기준으로 72만 명에 이른다고 한다.

치매 환자는 꾸준히 증가하는 추세로, 2050년에는 300만 명에 이를 것이라고 전망한다. 이는 지금부터라도 우리가 치매라는 사회적 문제에 대해 자세히 살펴보고 미래를 위해 대비해야 한다는 것을 말해 주고 있다. 지금부터 치매에 대해 하나하나 살펴보고 미래의 치매 사회를 위해 우리가 무엇을 할 수 있는지 알아보려고 한다.

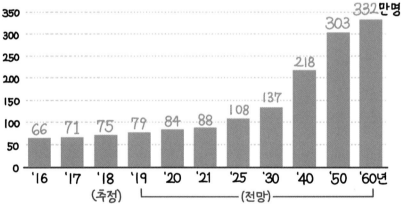

▲치매 환자 미래 그래프/ 출처 : 중앙치매센터

치매에 대하여

대부분의 치매는 노인성으로, 나이 든 노인에게서 그 발병 빈도가 높다. 그러나 비교적 젊은 나이대인 20대나 30대에서 치매가 발병하기도 한다. 우리가 흔히 아는 알츠하이머는 대부분 노인에게서 일어난다. 치매에는 여러 유형이 있어 알코올에 의한 치매나 스트레스에 의한 치매는 젊은 층에서도 주로 나타난다고 한다. 알츠하이머 치매의 경우, 완전한 치료법이 없어 현재로서는 조기에 발견하고 진행을 늦추는 것이 최선의 치료법이다.

치매의 사전적 의미는 후천적으로 기억이나 언어, 판단력 등 여러 가지의 인지 기능이 감소해 일상생활을 제대로 하지 못하는 임상 증후군을 뜻한다. 우리가 보통 헷갈리는 건망증과 치매의 차이는 일상생활의 가능 여부라고 할 수 있다.

건망증과 치매의 차이점

건망증은 흔히 우리가 휴대폰을 들고 있는 상태에서 휴대폰을 찾는다든지, 열쇠를 책상에 두고 깜빡한다든지 하는 행동을 일컫는다. 이러한 행동은 우리가 일상생활을 하는 데 큰 영향을 주지 않는다.

이와 달리, 치매는 집에서 길을 나서다가 갑자기 본인이 어디를 가는지 까먹거나 주변 가족들을 인지하지 못하는 경우처럼, 어떤 일의 사실 자체를 기억하지 못한다. 이럴 경우는 사고로 이어지거나 일상생활에 큰 영향을 줄 수 있다. 우리가 가끔 깜빡하는 일은 건망증에 가깝다고 할 수 있다.

다양한 원인에 따른 치매의 여러 가지 유형

치매에는 여러 가지 유형이 있는데 우리가 알고 있는 대부분의 치매는 알츠하이머라고 불리는 노인성 치매일 것이다. 그 외에도 혈관성 치매, 루이체 치매, 우울증과 뇌염에 의한 치매 등이 있다.

ⅰ. 노인성 치매 : 알츠하이머(Alzheimer's)

먼저 알츠하이머는 치매 환자들 중 대부분을 차지하는데 아직까지도 병을 유발하는 확실한 원인이 밝혀지지는 않았다. 의료진들이나 과학자들은 대부분의 치매가 이상 단백질인 아밀로이드 베타 단백질, 타우 단백질이 뇌에 축적되면서 뇌에 있는 신경 세포들이 서서히 죽어 가면서 생기는 퇴행성 질환이라고 말하고 있다.

알츠하이머성 치매

정상인

치매 환자

전반적으로 뇌가 위축됨
신경세포가 현저히 감소

ii. 혈관성 치매

혈관성 치매는 알츠하이머 다음으로 빈도수가 많은 치매의 한 유형으로, 뇌혈관 질환과 직접적인 관련이 있는 경우 이러한 혈관성 치매로 진단된다. 뇌졸중이나 뇌출혈이 발생하고 나서 기억력 저하와 인지 기능 저하가 나타나기도 한다. 혈관성 질환은 대부분 인지 기능 저하가 갑자기 발생하고, 명확한 뇌혈관 질환을 겪고 나서 발병하는 것으로 알려져 있다. 알츠하이머와 혈관성 치매의 가장 큰 차이점은 혈관성 치매가 알츠하이머 환자보다 걸음걸이가 더 불편하고 말이 어눌하며 신체 일부에 마비가 생기는 경우가 많다는 점이다.

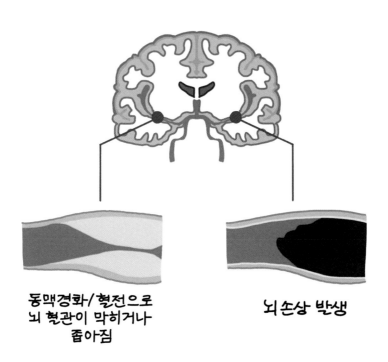

혈관성 치매

동맥경화/혈전으로 뇌 혈관이 막히거나 좁아짐

뇌손상 발생

iii. 루이체 치매

　루이체 치매는 세포질 내에 있는 루이체가 대뇌에 광범위하게 발생하는 것을 특징으로 하는 치매이다. 루이체 치매로 인한 주요 합병증은 파킨슨병[1]이 있는데 파킨슨병의 주요 증상은 경직이나 느린 행동, 몸의 떨림 등이 있다. 루이체 치매의 특징은 파킨슨병보다 치매 증상이 심하고 몸이 경직되어 느린 행동이나 몸의 떨림은 덜 나타난다.

　그 밖에도 알코올성 치매나 우울증에 의한 치매, 완치가 가능한 가역성 치매 등의 경우에는, 앞서 언급한 치매 유형과는 다르게 알코올을 섭취를 줄이거나 우울증을 치료해서 치매를 예방할 수 있다.

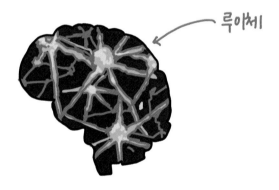

루이체 치매

루이체

---

1) 파킨슨병: 뇌간의 중앙에 존재하는 뇌흑질의 도파민계 신경이 파괴됨으로써 움직임에 장애가 나타나는 질환

치매에 대한 최신 연구 동향

치매는 고령화에 따라 가장 활발히 연구되는 주제 중 하나이다. 서울대 묵인희 교수 연구팀(의과 대학 생화학 교실, 국가 치매극복연구개발사업단 단장)의 아밀로이드 베타 단백질과 타우 단백질의 연관성 연구에 따르면 알츠하이머병에서는 아밀로이드 베타[2]가 타우 단백질[3]을 과인산화시켜 응집을 촉진하고 독성을 띠도록 변성시키는데, Plexin-A4 단백질[4]이 해당 독성 신호를 전달하는 주요 매개체라는 것을 확인했다.

Plexin-A4는 NRP-2의 도움을 받아 아밀로이드 베타와 결합하고, 타우 인산화 효소인 CDK5-p35를 통해 타우의 과인산화와 변성을 유도하면서 알츠하이머가 진행된다. 연구진은 Plexin-A4의 감소를 유도하면 타우의 과인산화와 변성을 막아 알츠하이머의 병증을 완화할 수 있다고 기대하고 있다. 최근까지도 아밀로이드 베타를 대상으로 많은 치료제 연구가 진행되었지만 충분한 연구 성과가 나오지 않았다. 타우 단백질이 새로운 연구 주제로 주목받기 시작한 이유이다. 현재 타우 병증을 완화, 억제하는 접근법이 시도되기도 하고 아밀로이드 베타, 타우 단백질 모두를 대상으로 삼는 치료제 개발도 일부 이루어지고 있다.

최근 크게 이슈가 된 사건이 하나 터졌는데 바로 치매 논문의 대표라고 할 수 있는 아밀로이드 베타 가설의 기초가 된 논문이 조작되었다는 사건이다. 이 논문은 2006년 세계적인 저널 '네이처'에 발표된 논문이다. 이 논문은 아밀로이드 베타 *56이 뇌에서 축적되면 기억을 손상하고, 알츠하이머병과 같은 인지 장애에 기여한다고 주장한다. 이 논문은 현재까지 3000회 이상 인용됐는데 결과 부분에서 핵심 이미지가 조작되었다고 한다. 이를 두고 과학계 연구자들은 두 분류로 나뉜다고 한다. 논문의 조작으로 알츠하이머 연구에 굉장히 큰 타격이 있다고 주장하는데 그 이유가 이 논문을 근거로 많은 연구가 진행되어져 왔는데 처음 단추부터 꼬이면 그 뒤에 연구는

---

2) 아밀로이드 베타: 알츠하이머병 환자 뇌에 비정상적으로 축적되어 독성을 나타내는 단백질
3) 타우 단백질: 정상적인 상황에서 신경 세포의 세포 골격을 안정화시키는 단백질이나 각종 퇴행성 신경 질환에서는 비정상적으로 과인산화되고 응집된 신경 섬유 매듭 상태의 타우가 관찰됨
4) Plexin-A4 단백질: 신경 세포 막단백질의 한 종류로 기존에는 발생 단계에서 신경 축삭의 경로 조절 기능이 밝혀져 있던 인자

다 잘못되었다는 이유이다. 다른 한편에선 큰 타격이 없다고 하는데 이유는 아밀로이드 베타 가설은 여러 연구를 통해 아밀로이드를 억제하거나 제거했을 때 인지 능력이 회복되었다는 연구 결과가 많아 충분한 가설이라는 이유이다.

이에 대한 필자의 생각은 후자의 의견과 동일하다. 물론 논문의 조작은 잘못되었고 처벌을 받아야 마땅하지만 알츠하이머에 대한 아밀로이드 베타 가설을 전체적으로 흔들고 연구 방향 자체를 흔들 정도로 큰 타격이라고 생각하지 않는다. 그 이유는 현재 FDA에서 승인한 약물인 '애드유헬름(Aduhelm, 성분명은 아두카누맙)'이나 3상에서 인지력 감퇴를 억제한 '레카네맙(Lecanemab)' 등의 치료제가 모두 아밀로이드 베타를 표적으로 하는 치료제이기 때문이다. 이렇다는 건 아밀로이드 베타가 알츠하이머의 유일한 원인은 아니어도 알츠하이머를 일으키는 데 어느 정도 역할을 하고 있고 이를 억제하고 표적으로 치료를 진행하면 인지 능력을 어느 정도 회복할 수 있음을 보여 준다.

치매 사회를 대비하기 위한 우리들의 자세

필자의 조부모님께서도 두 분 모두 치매를 앓다가 돌아가셔서 치매라는 질병이 환자 본인과 가족들에게 있어서 얼마나 슬픈 병인지 알고 있다. 치매로 인해 요양원에 머무르시는 조부모님을 이따금씩 찾아뵈면 손주 왔다고 좋아하시기도 했지만, 어떤 날은 내가 누군지 기억조차 하지 못하실 때도 있었다. 이것이 반복되다가 결국엔 가족 중 그 누구도 기억하지 못하셨다. 그럴 때마다 슬프면서도 한편으로는 하루빨리 치매에 관한 연구가 활발하게 진행돼서 치료제가 빨리 나왔으면 하는 마음도 있었다.

최근까지도 치매에 관한 연구가 활발히 진행되고 있는데, 그렇다면 우리 사회는 치매 연구가 끝나고, 치료제가 나올 때까지 기다리고만 있어야 할까? 그건 아니다. 치매는 오늘날까지도 중대한 사회적 문제로 대두되고 있고, 고령화 사회를 맞이함에 따라 환자도 늘어나고 있다. 그러니 치매 환자들이 우리 사회에 녹아들 수 있도록 사회적인 분위기가 마련되어야 한다고 생각한다.

최근 드라마 '나빌레라' 라는 드라마를 보았다. 간단히 설명을 하자면 알츠하이머를 가지고 있는 할아버지가 발레에 도전하는 이야기를 그린 드라마이다. 여기서 필자는 우리가 가지고 있는 사회적인 분위기와 사람들이 일반적으로 가지고 있는 치매를 앓고 있는 사람들에 대한 생각을 알 수 있었다. 알츠하이머를 앓는 할아버지가 발레를 시작한다고 했을 때 그의 아내나 가족들은 할아버지의 꿈을 응원하거나 도와주지 않고 노망이 났다고 표현을 하거나 요양원으로 보내려고 하는 상황이 있었다. 이 장면을 보면서 '우리나라에서 치매를 앓고 있는 노인분들은 어떠한 것도 할 수 없겠구나' 라는 것을 깨달았다.

당장 필자의 조부님도 치매가 왔을 때 조부모님의 의견은 없이 바로 요양 병원으로 모셔 갔던 것으로 기억이 난다. 물론 노인성 치매에도 단계가 있어서 초기 치매는 정말 건망증과 마찬가지지만 심한 경우에는 요양원의 도움이 필요하기도 하다. 그래서 초기 치매와 일상생활이 조금은 가능한 정도의 치매 노인들을 위한 사회적 제도나 고령화 사회를 위한 일자리가 있으면 좋겠다고 생각을 하였다. 우리나라는 현재 출산율은 점점 낮아지고 노인들은 많아지는 초고령 사회가 가까운 미래에 오는 것으로 OECD는 예측하고 있다.

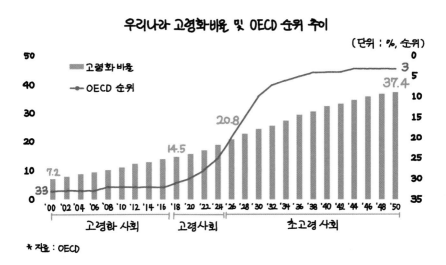

우리나라 고령화 비율 및 OECD 순위 추이

* 자료 : OECD

또한 우리나라보다 먼저 고령화 시대를 맞이한 일본에는 치매 노인들이 식당에서 일을 하는 '주문을 틀리게 하는 식당'이 있다. 이벤트성 영업이었지만 이 식당에 대한 사회적 반응이 정말 좋았다. 이 식당은 이름 그대로 치매를 앓으시는 노인분들이 주문을 받고 음식을 만들어 서빙까지 직접 하신다. 내가 주문한 것을 받아 적고 가시더라도 기억을 잊어서 다른 음식이 나오기도 한다. 이러한 변칙적인 상황이 손님들에게 웃음을 선사하면서, 매 영업마다 끊이지 않는 발길에 성황을 이루었다. 우리나라의 KBS에서도 이벤트성으로 방송을 통해 '주문을 틀리는 요리점'을 한 사례도 있다. 이런 가게들이 이벤트성이 아니라 실제 식당으로 영업하여 미래의 치매 환자들과 노인분들의 일자리를 창출할 수 있는 계기가 되어도 좋을 것 같다.

- 한재혁 -

1-3장

제로 칼로리,
정말 0kcal인가?

1-3장 제로 칼로리, 정말 0kcal인가?

제로 칼로리 음료

당신은 '제로 칼로리 음료'를 마셔 본 적이 있는가? 요즘 나오는 음료에는 두 가지 종류가 존재한다. 바로 '제로 칼로리 음료'와 '제로 칼로리가 아닌 음료'이다. 여기서 한 가지 의문이 생긴다. 과연 제로 칼로리 음료는 정말 0kcal인가?

"제로 칼로리 음료에 대해 더 자세히 알아보자!"

ⅰ. 제로 칼로리 음료란?

음료를 고를 때, 저칼로리 제품을 선호하는 소비자들을 위해 주요 브랜드에서 제로 칼로리 상품을 출시했다. 2022년 12월을 기준으로 최근 1년간 탄산음료 검색 순위를 살펴보면 1위, 7위, 13위, 14위, 16위, 20위가 '제로 칼로리 음료'인 것을 확인할 수 있었다. 이제는 어디서나 쉽게 발견할 수 있는 제로 칼로리 음료, 이 '제로 칼로리 음료'란 무엇인가? 제품명에 '제로 칼로리'라고 표시하기 위해서는 「식품 등의 표시 기준」 중 영양 성분 함량 강조 표시[1] 세부 기준에 적합하게 제조, 가공 과정을 통하여 해당 영양 성분의 함량을 낮추거나 제거한 경우에만 사용할 수 있다. 또한 열량 '무'의 세부 기준은 식품 100ml 당 4kcal 미만일 때를 말한다. 즉, 제로 칼로리 음료여도 정말 0kcal가 아닐 수 있다는 것이다. 그렇다면 최근에 '제로 칼로리 음료'의 수요가 증가하게 된 이유는 무엇인가?

제로 칼로리 음료가 많이 생긴 이유 중 하나는 '코로나19'의 영향이 있을 것이라 생각한다. 코로나19로 인하여 사람들의 활동량이 점점 줄어들었고, 그로 인해 자연스럽게 칼로리가 낮은 제품들을 찾게 되었을 것이라 생각한다. 또한 '헬시플레저'의

---

1) 영양 성분 함량 강조 표시: 영양 성분의 함유 사실 또는 함유 정도를 "무○○", "저○○", "고○○", "○○함유"등과 같은 표현으로 그 영양 성분의 함량을 강조하여 표시하는 것을 말한다. [식품의약품안전처고시 제2022-86호]

영향도 크다. 헬시플레저는 서울대 소비자학과 김난도 교수가 2022년을 이끌 트렌드로 제시한 말 중 하나이며, '트렌드 코리아 2022'라는 책에서 소개되었다. 헬시플레저(Healthy Pleasure)는 건강(health) 관리가 즐거워진다(pleasure)는 의미이다. 헬시플레저는 길티플레저(Guilty Pleasure)의 반대인 용어이다. 길티플레저는 힘들고 고통스럽게 건강을 관리하던 중 잠깐 느낄 수 있는 즐거움이라면, 헬시플레저는 건강 관리 자체를 즐겁게 하려는 의도가 포함되어 있는 것이다. 즉, 과거에는 먹는 것을 자제하고, 열심히 운동하며 건강 관리를 했다면, 지금은 건강하게 음식을 챙겨 먹으며 힘들지 않고 즐겁게 건강 관리를 하자는 것을 의미한다. 따라서 '코로나19'와 '헬시플레저'의 영향으로 인하여 제로 칼로리 음료가 많은 사람들에게 인기를 끌고 있는 것이라 생각한다.

ii. 제로 칼로리 속 인공 감미료

Ⅰ. 인공 감미료란

인공 감미료란 '화학 합성으로 만든 감미료'를 통틀어 이르는 말이다. 인공 감미료가 생기게 된 이유는 바로 '설탕' 때문이다. 과거에 설탕은 비싸고 귀한 편이었다. 따라서 과학자들은 설탕보다 가격이 더 저렴하며, 더 달게 느껴지는 감미료를 개발하려 노력했다.

과학자들은 1879년에 '사카린'²⁾이라고 하는 대표적인 감미료를 개발하게 되었다. 이러한 인공 감미료는 일반적으로 천연 감미료의 수십 내지 수백 배의 단맛을 낸다. 인공 감미료에 대한 관심이 높아지게 된 이유는 건강에 대한 중요성을 사람들이 많이 인식했기 때문이다. 주로 단맛을 내기 위해서는 '설탕'을 많이 사용했는데, 설탕은 칼로리가 많이 높기 때문에 설탕을 대체하고자 하는 대체품을 찾으려고 노력했다.

인공 감미료는 설탕보다 칼로리가 낮으며, 단맛은 더 강하다. '식품안전나라'에 의하면 감미료는 설탕처럼 단맛을 느끼게 해 주지만 비영양물질, 저칼로리 또는 무칼로리이기 때문에 체중 증가에 영향을 주지 않는다고 한다. 인공적으로 만든 감미료 이외에도 합성 화합물이 아닌 천연 감미료도 존재한다. 즉, 감미료는 음식의 단맛을 추가하기 위한 식품 첨가제이며, 당도는 설탕의 단맛을 기준으로 잡는다. 이때 단맛을 내는 성분이 인공적으로 만든 합성 화학물일 경우에는 '인공 감미료'라고 하고, 천연물일 경우에는 '천연 감미료'라고 한다.

II. 인공 감미료의 종류

① 사카린

사카린은 1879년에 등장한 인공 감미료이며, 대표적인 인공 감미료 중 하나이다. 사카린은 백색의 결정 또는 백색의 분말로서 강한 단맛을 갖고 있다. 설탕보다 300~400배 강한 단맛을 낸다. 국내에서는 사카린이 식품 첨가물로 허용되고 있다. 과거에는 식품 첨가제로서 설탕 등과 함께 사용 가능했는데, 1992년에 사카린의 유해성 논란 때문에 청량음료, 어육 가공품 등 일부 식품에 한해서만 사용되고 있다. 1980년대에 아스파탐이 개발되면서 사카린이 유해하다는 여론이 나오기 시작했다. 이러한 여론이 계속해서 커져 가며 사회적 이슈까지 확대되었던 사건이다.

---

2) 사카린은 톨루엔을 원료로 하여 만들어진 인공 감미료이다. 무색의 고체로, 단맛이 자당의 500배 정도로 강해서 설탕 대용품으로 쓴다. (국립국어원 표준국어대사전, stdict.korean.go.kr)

그러나 그 후 사카린은 정상적인 사용 방법으로는 인체에 무해하다는 결론을 얻게 되었으나, 1990년 4월 보건사회부가 사카린을 특정 식품에만 사용할 수 있도록 정책을 변화시키며 마무리했다.

사카린

아스파탐

② 아스파탐

아스파탐은 현재 우리나라에서 가장 많이 쓰이고 있는 인공 감미료 중 하나이다. 아스파탐은 백색의 결정성 분말 또는 과립의 형태로 이루어져 있다. 아스파탐은 섭취 후 아미노산[3]으로 대사되며, 1g당 4kcal의 열량을 낸다. 열량을 낸다는 점에서는 설탕과 동일하지만, 설탕보다 200배 강한 당도를 가지고 있다. 따라서 설탕 양의 1/200만 사용해도 설탕과 동일한 단맛을 낼 수 있다.

하지만 페닐케톤뇨증(phenylketonuria, PKU) 환자는 아스파탐 섭취를 주의해야 한다. 페닐케톤뇨증이란 '단백질 속에 함유되어 있는 페닐알라닌을 분해하는 효소가 결핍되어 체내에 페닐알라닌이 축적되어 경련 및 발달 장애를 일으키는 상염색체성 유전 대사 질환'이다. 페닐케톤뇨증이 발생하게 되는 원인은 결함이 있는 페닐케톤뇨증 유전자가 2개 있는 경우에 발생하는데, 이 경우에는 페닐알라닌을 분해하는 효소를 만들 수 없다. 인공 감미료 종류 중 하나인 아스파탐은 페닐알라닌 함량이 높기 때문에 페닐케톤뇨증 환자들은 아스파탐 섭취를 피해야 한다.

---

3) 한 분자 안에 염기성 아미노기와 산성의 카복시기를 가진 유기 화합물을 통틀어 이르는 말이다. (국립국어원 표준국어대사전, stdict.korean.go.kr)

수크랄로스

D-소비톨

아세설팜 칼륨

③ 수크랄로스

수크랄로스는 설탕으로 만들어진 유일한 무칼로리 감미료이다. 다양한 식품과 음료에 사용될 수 있고, 설탕보다 600배 높은 감미도를 지니고 있다. 또한 단맛의 지속기간이 설탕과 유사하다. 낮은 온도의 물에서도 매우 잘 용해된다. 수크랄로스는 노약자부터 당뇨병 환자, 모유를 주고 있는 여성과 임신 중인 산모 등 모두가 안전하게 사용 가능하다. 설탕과 비슷한 구조를 갖기에 당뇨병 환자들도 수크랄로스를 안전하게 섭취할 수 있다고 한다.

④ D-솔비톨

솔비톨은 소르비톨이라고도 불린다. 솔비톨은 설탕과 유사한 단맛을 낸다. 대한민국에서 식품 첨가물 중 감미료로 허가 된 성분으로, D-솔비톨이 식품 의약품 안전처 식품 및 식품첨가물공전에 올라와 있다. D-솔비톨은 백색의 알맹이이며, 냄새가 없고 청량한 단맛이 있다. 물이나 알코올에 잘 녹는다. 솔비톨은 광범위하게 사용되고 있다. 또한 솔비톨은 화장품에서도 사용되며, 수분 손실을 방지하는 역할을 한다. FDA는 매일 50g의 솔비톨을 섭취하게 될 수 있는 솔비톨 함유 제품에는 "지나친 섭취는 설사를 동반할 수 있습니다."라는 문구가 표기되어야 한다고 강조했다. 솔비톨은 우리나라에서 감미료로 허가되었지만, 많이 섭취해서는 안 된다.

⑤ 아세설팜칼륨

아세설팜칼륨은 설탕의 200배의 감미도를 가지고 있으며, 무열량 감미료이다. 껌이나 아이스크림, 음료에 들어가며 설탕 대체 식품으로 사용된다. 아세설팜칼륨은 백색의 결정형 분말이며, 냄새가 없고 강한 단맛을 가지고 있다. 물에는 잘 녹지만 알코올에는 약간 녹는다. 높은 온도보다는 낮은 온도일 때 강한 단맛이 느껴진다. 아세설팜칼륨을 솔비톨이나 설탕 등의 다른 감미료와 혼합해서 사용하게 되면 단맛이 상승하게 된다. 아세설팜칼륨의 1일 허용 섭취량[4]은 0.0-15.0mg/kg이다.

III 인공 감미료에 대한 궁금증

① 제로 칼로리 음료, 체중 감량에 도움이 되는가?

---

4) 1일 허용 섭취량(Acceptable daily intake)- 인간이 평생 섭취해도 관찰할 수 있는 유해 영향이 나타나지 않는 1인당 1일 최대 허용 섭취량 (대한임상건강증진학회 2014 추계학술대회-위해평가와 영양_정해랑)

체중 감량을 목표로 하고 있지만, 시원한 청량/탄산음료를 마시고 싶을 때 사람들은 '제로 칼로리 음료'를 선택한다. 그렇다면 정말 '제로 칼로리 음료'는 체중 감량에 도움을 주는 것인가? 확실한 것은 제로 칼로리가 아닌 음료를 마시는 것보다는 효과적이라는 것이다. 하지만 '제로 칼로리 음료'가 꼭 좋다고는 할 수 없다. 이러한 다이어트 음료를 장기적으로 섭취하게 되면 장내 미생물 분포에 영향을 받기 때문에 면역력이 저하되거나, 비만, 대사 증후군, 당뇨병에 걸릴 위험이 높아질 수 있다고 한다. 따라서 결론은 '아직 아무도 모른다'이다. 제로 칼로리 음료가 체중 감량에 효과적이라고 하는 연구도 있는 반면에, 체중 증가를 시킬 수도 있다는 연구 결과도 있기 때문이다. 따라서 제로 칼로리 음료를 마시는 것은 개인의 선택이지만, 뭐든지 적당히 마시는 것이 가장 중요하다.

② 당뇨 환자는 제로칼로리 음료를 마셔도 되는가?

대한당뇨병학회의 '2021 당뇨병 진료 지침 요약'을 살펴보면, "대체 인공 감미료를 이용한 제로 칼로리 음료는 당류가 많은 음료를 줄이기 위한 단기간의 대체 요법으로 활용하며, 장기적으로 섭취하는 것은 권장하지 않습니다."라고 설명되어 있다. 인공감미료를 이용한 제로 칼로리 음료를 섭취하는 것은 괜찮지만 장기간이 아닌, 단기간만 섭취하는 것이 좋다고 규정하고 있다. 그렇기 때문에 제로 칼로리 음료일지라도 개인의 건강을 잘 살펴 가면서 마셔야 하는 것이 중요하다.

③ 제로 칼로리 음료와 장내 미생물 간의 상관관계가 존재하는가?

마이크로바이옴이란 '인체 내 특정 환경에 존재하고 있는 세균, 바이러스 등 각종 미생물을 총칭하는 것'을 말한다. 마이크로바이옴은 적절하지 못한 방식으로 기능하고 있는 면역 세포를 제거할 수 있으며, 병원균의 감염으로부터 숙주를 보호할 수 있다. 따라서 인간의 건강에 유익한 영향을 끼친다고 알려져 있다. 하지만 장내 미생물은 위암이나 자궁경부암, 대장암 등 수 많은 악성 종양의 원인균으로도 알려져 있다. 그렇다면 이 장내 미생물과 제로 칼로리 음료와는 어떤 연관이 있는것인가?

동물을 대상으로 한 연구에 따르면 식품 첨가물은 장내 미생물 군집과 장 점액층의 변화에 의하여 매개되는 결장 및 심혈관 건강에 악영향을 미칠 수 있다고 한다. 또한 사람들을 대상으로 인공 감미료가 장내 미생물 구성과 섬유 대사 활동에 어떠한 영향을 미치는지에 대하여 연구한 논문이 있다. 이 연구에서는 일반적으로 사용하는 식품 첨가물과 인공 감미료를 통해 건강한 장내 미생물 조성물과 발효 능력에 미치는 영향을 측정했는데, 그 결과 장내 미생물에 영향을 미치는 것도 있다는 결과를 얻게 되었다. 따라서 장내 미생물 군집이 변형될 수 있다는 점을 강조하고 있다.

글을 마치며

지금까지 제로 칼로리 음료에 대한 것을 살펴보았다. 살펴본 것처럼 제로 칼로리 음료는 장단점이 존재한다. 사람들이 제로 칼로리 음료를 마시는 가장 큰 이유는 체중 관리에 도움을 줄 수 있다는 장점 때문일 것이다. 인공 감미료로 만들어진 제로 칼로리 음료는 설탕에 비하여 조금만 첨가해도 설탕의 몇 배로 더 달아진다. 그렇기 때문에 많이 마셔도 체중이 많이 증가하지 않는다.

하지만 반대로 단점도 존재한다. 만약 아스파탐이 함유되어 있는 음료를 섭취했을 시에 페닐케톤뇨증 환자들은 위험할 수 있다. 또한 인공 감미료로 인하여 장내 미생물에 변화가 생길 수 있다는 연구 결과도 존재한다. 그리고 과거에 인공 감미료의 유해성 논란도 있었기에, 제로 칼로리 음료는 개인의 건강 상태를 잘 파악한 후에 섭취하는 것이 가장 좋은 방법일 것이다.

- 이화진 -

1-4장

나는 김을 어디까지 알고 있나?

　영화 황해의 김구남 님, 아이유, 화사, 드라마 이상한 변호사 우영우 님의 공통점이 무엇인지 아는가? 바로 '김 사랑'이다. 줄거리는 모르지만 가장 인상 깊게 남는 장면을 만들어 주신 영화 '황해'의 김구남 역할을 맡으신 김 먹방 원조 하정우 님, 최근 아이유 님의 〈보그 코리아〉 콘텐츠인 '왓츠 인 마이백'에서 애정하는 간식이라고 언급한 명란 김, '나 혼자 산다'에서 엄청난 먹는 방송의 열풍을 일으켰던 화사 님의 김부각, 종영한 인기 드라마 '이상한 변호사 우영우'에서 우영우 역할을 맡으신 박은빈 님이 매일 먹던 김밥의 김이다.

　어린 시절부터 우리 식탁에서도 자주 볼 수 있고, 거부감 없이 먹을 수 있었던 반찬 중 하나였다. 추억 여행 중에 빠지지 않았던 음식 중 신나게 친구들과 소풍 갈 때 먹는 김밥, 빠르고 든든하게 먹어야 했던 삼각김밥, 평소 접하지 못하는 일식집에 가서도 서비스로 받던 김초밥, 떡국 고명으로도 올라가는 등 여러 음식에 부재료로 써도 사용된다. 이렇게 자주 접하고 흔하게 먹을 수 있는 것이 바로 김이었다. 그렇다면 우리가 섭취하고 즐겨 먹는 '김'은 무엇인지 조금 더 세밀하고 다양한 시각으로 알아보려고 한다.

ⅰ. 김의 종류와 살아가는 방식

김은 바다에서 채집 되는 조류(Alage) 중 하나이다. 조류에서도 붉은빛과 자줏빛을 띤다고 하여 홍조류(Red Alage)에 속한다. 홍조류 안에서도 세부적으로 나눠지게 되는데, 보라털과 김[속](*Pyropia*)으로 분류된다.

생물 분류 체계로 분류된 김의 종류는 세계적으로 약 80종이 있지만, 그중에서도 10여 종이 우리나라에 서식하고 알려져 있다. 10가지의 대표적인 김 중에서 4가지 정도로 더 추려 볼 수 있는데 방사무늬김(*Pyropia yezoensis*), 참김(*Pyropia tenera*), 잇바디돌김(*Pyropia dentata*), 모무늬돌김(*Pyropia seriata*)이다.

가장 많은 생산량을 자랑하는 김은 우리처럼 각자만의 이름이 있고 모양과 생김새가 다르다. 우리가 흔히 먹는 직사각형 모양을 잡고, 짭조름하게 조미되어 식탁에 올라오기까지 김은 대한민국에서만 지낼 수 있는 사계절을 모두 지내야 한다. 그렇다면 김이 어떻게 사계절을 보내는지 알아보자.

봄에는 아주 어린 과포자가 떠다니면서 집을 찾는다. 그 이유는 아주 혹독하게 더운 여름을 지내기 위해서이다. 과포자가 집을 선택하는 곳은 굴 껍데기나 조개 등 패각에 부착하게 된다. 집을 선택한 후에는 시원한 패각 집에서 여름을 보내며 사상체 모임으로 모양이 변형된다. 천고마비의 계절 가을이 오면 사상체 모습을 띠고 있는 것이 각포자로 성장한다. 여름을 무사히 보낸 어린 과포자는 어른 엽상체가 되기 위해 가을 동안 영양분을 섭취며 성장한다. 그리고 추운 겨울이 되면 작은 어린 포자였던 김은 성장하여 비로소 어른 엽상체가 된다. 엽상체가 된 김은 판매 목적으로 재배되거나, 다시 올 봄을 위해 수정되어 포자로 뿌려지게 된다.

ⅱ. 가지고 있는 효능과 부작용

1년이라는 짧은 주기에 성장하고 자라면서 다음 세대를 이어 가기까지 김은 큰 노력이 필요하다. 건강하게 성장한 김에는 많은 영양분이 함유되어 있다. 풍부한 단백질과 필수 아미노산, 비타민 B, C를 포함하고 있다. 피로 해소와 면역력을 올려 주는 효과가 있으며, ß(베타)- 카로틴 형태의 비타민 A도 가지고 있다. 비타민 A는 야맹증 방지에 탁월한 효과가 있으며, 눈의 피로를 풀어 주는 효과가 있다. 식이 섬유가 매우 풍부하고 칼로리가 낮고 포만감을 주기 때문에 체중 감량에 효과적이다. 태아의 원활한 성장과 기형아 예방 등 임산부가 필수적으로 섭취해야 하는 영양소 중 하나인 엽산도 함유하고 있다.

하지만 갑상샘에 도움을 주지만 과다 섭취할 경우 갑상샘선 기능에 문제를 일으킬 수도 있는 요오드도 가지고 있기 때문에 적당량을 섭취하는 것이 좋다.

iii. 김의 다양한 양식 방법

다른 해조류에 비해 많은 영양분의 김을 더 많이 얻어 가기 위해 우리나라의 양식 업계에서는 다양한 양식 방법을 사용했다. 과거 60년, 70년대에 사용한 지주식 방법은 긴 막대기에 걸어 놓고 밀물에는 물에 잠겨 영양분을 섭취하게 하고, 썰물에는 공기 중에 노출되어 강한 햇빛을 받아 건조에 살아남아 강해진다. 그렇기 때문에 규조류나 병해는 줄어드는 효과가 있는 방식이었다. 하지만 생산량이 줄어드는 단점 때문에 80년대에는 부류식 방법으로 양식이 변경되었다.

부류식은 바다에 띄우는 방식으로 생산량은 증가했지만 공기 중의 노출이 없어지면서 질병이 생기고 맛도 떨어지는 현상이 보여졌다. 문제점을 보완하기 위해 90년대부터 현재까지 사용되는 양식 방법으로는 지주식과 부류식을 합쳐서 만들어진 한국식 자체 개발한 띄우기식으로 변형되어 왔다. 중간에 부표를 달아 밑에 공간을 만들어 주기적으로 공기 노출하여 질병 감염을 줄이고 생산량을 늘리는 방법이다.

iv. 질병에 걸리는 김의 모습과 그 원인

사람에게 좋은 영양분과 다양한 효능을 함유한 김도 공기 중의 노출이 없어진다면 질병에 걸리는 것을 피할 순 없다. 사람으로 치면 흔하게 걸리는 감기 같은 것이라 할 수 있다. 그 질병은 대표적으로 3가지 정도가 있다.

가장 일찍, 많이 분포되어 있는 붉은갯병(Red-rot disease)이다. 하나의 세포가 감염되면 그 주변 세포까지 전부 무작위로 뚫고 지나가 감염이 된다. 시간이 지날수록 점점 커지는 둘레는 붉은 반점 모습으로 나타난다.

또한 다른 질병에는 세포 내에 기생하며 어린 엽체에 치명적인 피해를 주는 난균병(Olpidiopsis-blight)과 바이러스가 원인이며, 녹색 구멍을 띄어 엽체가 떨어지거나 세포가 녹는 녹반병(Green-spot disease)이 있다.

　세 가지 대표적인 질병 중 가장 빨리 손해를 끼치고, 많이 알려진 붉은갯병에 대해 더 자세하게 알아보려고 한다. 붉은갯병(*Pythium porphyrae*)은 일본에서 처음으로 보고된 바가 있으며, 엽체를 빠른 속도로 감염시키며 주변 세포들에도 전파력이 빠른 모습을 확인할 수 있다. 그렇기 때문에 양식장에 막대한 피해를 주는 병원균 중 하나이다. 하나의 김이 붉은갯병에 걸리게 되면 그 주변의 모든 김까지 전부 감염되어 살아날 수 없기 때문에 이에 대한 해결책도 더 연구되어야 한다.

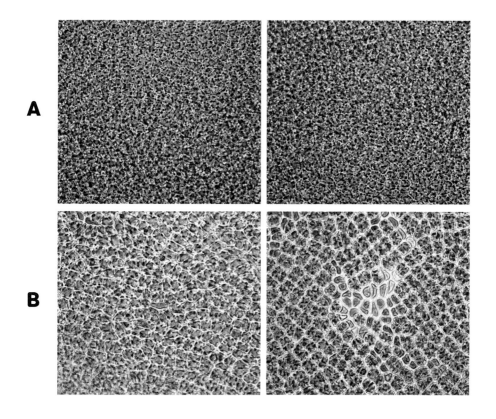

Fig. A 방사무늬김을 현미경으로 20배 확대해서 본 것이다. 평평하고 넓은 김을 슬라이드에 올려 확인했을 때의 모습이다. 건강하고 김을 붉은색으로 보이게 하는 색소도 꽉 차 있는 모습을 확인할 수 있다.

Fig. B 방사무늬김에 붉은갯병균을 감염시키고 하루가 지난 후 현미경으로 40배 확대해서 본 모습이다. 위에 정상 엽체와는 다르게 녹색으로 변한 세포와 원래 가지고 있던 붉은색 색소보다 더 진한 붉은색으로 변한 것을 볼 수 있다. 붉은갯병에 감염되면 투명한 관 같은 것이 엽체들을 뚫고 지나가는 길을 볼 수 있다. 이것은 붉은 갯병에 걸린 김의 대표적인 모습이다.

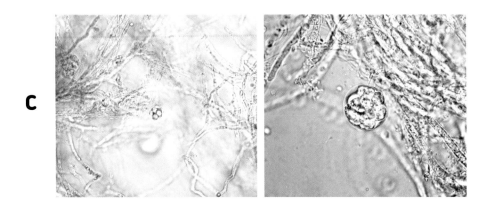

C

Fig. C 붉은갯병을 일으키는 원인균인 유주자낭의 현미경으로 100배 확대한 모습이다. 유주자낭이라는 주머니에 배 모양으로 생겨 모여진 모습이다. 낭에서 터져 나온 유주자는 살아 있는 김 세포를 뚫고 주변부까지 감염시켜 붉은 모양을 만들어 낸다. 그들이 감염되어 현미경으로 확인할 수 있는 시간은 하루면 충분하다. 감염시키고 하루가 지나게 되면 하나에서 둘 정도의 세포를 뚫은 것을 확인할 수 있다.

2~3일 정도가 지나면 김은 잘게 부서져 살아갈 수 없는 모습을 띠게 된다. 김이 맞는지 아닌지도 모를 정도로 투명색으로 보이며, 김이 살아갈 수 있게 영양분을 투여하더라도 재생할 수 없는 모습을 보인다. 이러한 붉은갯병은 양식장에서 많이 보여지며, 해결할 방법을 찾지 못해 양식장이 어려운 상황이다. 어민들의 생활에 직접적인 김은 질병을 건디고 맛있는 김으로 탈바꿈할 수 있도록 많은 연구가 필요하며, 더 많은 관심을 기울여야 한다.

김과 사람의 공통점

김은 사람처럼 사계절을 보내는 독특한 조류이다. 따뜻한 봄이 되면 겨울잠을 자던 동물이 활동하기 위해 일어나고, 풀과 나무는 새싹을 틔운다. 어린 과포자도 사람의 어린아이처럼 새로운 시작을 한다. 어린아이의 시각에서 보고 느끼는 것이 어른과는 다른 것처럼 김도 마찬가지이다. 어린 엽체의 모습이기에 굴이나 조개 같은 패각 껍데기로 들어가 살아남은 것이고, 그 안에서 살아남은 엽체들은 성장한다.

사람도 어린이가 보는 시각과 어른이 보는 시각은 경험에서 차이가 난다. 어른이 어른일 수 있는 가장 큰 이유는 직접 경험해 보고 느꼈기 때문이다. 그렇다고 모두가 다 좋은 어른이고, 성공한 어른이라고 할 수는 없다. 사람의 성공 기준은 각자 생각하는 것이 모두 다르기 때문에 딱 하나로 성공한 사람이라고 정의할 수는 없겠지만 김의 성공 기준은 두 가지 정도 간략하게 설명할 수 있다. 건강하게 성장하여 질병에 걸리지 않고 사람의 식탁에 올라올 수 있는 것, 두 번째는 엽상체에서 수정되어 다음 세대를 이어 가는 것이다.

이처럼 김이 주는 작은 교훈은 나 스스로에게도 영향을 준다고 생각한다. 자급자족으로 스스로 살아가는 방법이나 미래를 결정하는 마음에 후회가 없도록 최선을 다해야 한다는 것. 실패와 성공은 내가 책임을 져야 하는 것이기 때문에 어른이라고 할 수 있는 것이 아닐까. 한 번의 실수가 두 번이 되지 않기 위해 매 순간에 최선을 다한다면 후회하지 않은 삶을 살았다고 할 수 있을 것이다. 일상생활에 필요하지 않아 쉽게 생각해 넘겨 버리고, 하찮다고 생각했던 작은 생물에게서도 배울 점이 있다는 것을 깨달았다.

작은 것에 조그마한 관심을 보여 줘 큰 모습으로 성장할 수 있는 것 처럼, 주변 사람들과 나 자신에게도 관심을 가지고 좋아하는 마음으로 본다면 그 시간에 후회하지 않는 결정을 할 수 있는 사람으로 성장할 수 있을 것으로 생각한다.

- 오연주 -

두 입.
현대의 과학기술

가파른 기술 발전은 우리에게 윤택한 삶을 약속했다.
그러나 오늘날의 눈부신 발전 이면에 숨은 우려에는 무엇이 있나.

2-1장

현대 생물학 연구의 필수 기술
PCR

2-1장 현대 생물학 연구의 필수 기술 PCR

영화 '살인의 추억' 마지막 장면을 기억하는가? 영화의 줄거리를 잠깐 언급하자면 송강호 배우가 연기한 O형사는 본인이 조사하던 용의자가 정황상의 증거로 조사를 했지만 -형사가 조사받은 게 아니고 형사가 조사한 것!- 증거 불충분으로 풀려나게 된다. 그러나 용의자가 풀려난 다음날 여중생이 성폭행을 당해 사망하게 되는데 이를 수상히 여긴 O형사는 여중생 사체에서 채취한 정액과 본인이 조사하던 용의자의 유전자 검사를 미국에 의뢰하게 된다. 이후 그 사이 사라진 용의자를 잡기 위해 주인공과 용의자는 추격전을 펼치게 되고 추격전 끝에 용의자를 잡음과 동시에 미국에서 온 유전자 검사 결과를 보게 된다. 하지만 검사 결과는 불일치로 판명이 나게 되고 이에 주인공의 "밥은 잘 먹고 다니냐?"라는 대사와 함께 장면이 끝나게 된다.

이 영화는 실제 1986년부터 1991년까지 경기 화성군 일대의 여성 10명이 강간 및 살해를 당하게 된 화성 연쇄 살인 사건을 모티브로 한 영화이다. 이 사건은 당시 경찰의 강압적 수사를 보여 준 유명한 사건으로 2019년 DNA 검사 결과를 통해 진범이 밝혀지게 되었다. 이 사건은 법 유전학 감식을 통해 억울한 옥살이를 한 선량한 사람의 누명을 벗길 수 있게 된 대표적인 좋은 사례이다.

앞선 이야기는 과거의 이야기이면서 법 유전학으로 실생활과 관련 있지 않아 멀게 느껴질 수 있다. 그럼 조금 더 실생활에 관련이 있는 질병의 진단에 관한 이야기는 어떠한가?

인류는 인류의 시작에서부터 세균과 긴밀한 관계를 이어 왔고 특히, 세균이 일으키는 감염병에 의해 인류의 역사가 바뀌기도 하였다.

재레드 다이아몬드(Jared Mason Diamond, 1937.9.10~)는 자신의 책인 「총, 균, 쇠」에서 인간 문명 발달에 필수 요소 중 하나로 가축을 언급하였고 가축을 기르면서 생긴 각종 전염병이 인류의 역사를 바꾸게 되었다고 설명한다. 가령 구대륙에 비해 가축을 접할 기회가 적었던 신대륙의 경우 구대륙 사람들이 가지고 온 감염병에 취약하였고 이는 후에 구대륙의 사람들이 신대륙을 점령할 수 있었던 결정적인 요인 중 하나로 평가받는다.

그뿐만이 아니라. 2019년부터 시작하여 현제까지 전 세계에 퍼진 코로나의 경우도 바이러스에 의한 감염병 중 하나로 인류는 이러한 감염병을 진단하고 치료하기 위해 많은 노력을 기울였다. 특히 감염병의 경우 그 병의 원인을 알아야 치료가 가능하기 때문에 감염병을 정확하게 검사하고 진단하는 데 있어 많은 유전적 분석 방식들이 발전되어 왔다.

앞에서 설명한 상황들의 경우 모두 PCR이란 생물학적 기법을 사용하여 분석한 것이다. PCR이란 생명 활동에 대한 모든 정보가 들어 있는 DNA를 다루는 방법으로, 이번 글을 통해 PCR에 대해 간단히 알아보고 이를 활용한 응용 기술에는 어떠한 것이 있는지에 대해 알아보자.

ⅰ. DNA란?

Ⅰ. DNA의 역할

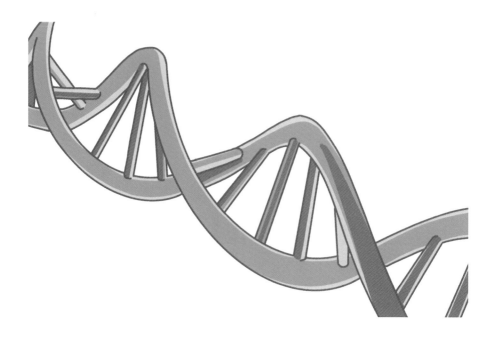

DNA는 생명체 내에서 일어나는 생명 활동에 대한 정보를 담는 정보 저장의 기능을 하고 있으며 이러한 정보를 다음 세대로 전달해 주는 유전의 역할도 수행한다. 지구상에 사는 모든 생명체는 유전 물질로 DNA를 사용하고 있으며 이 DNA에 담겨 있는 유전 정보를 해독하는 방법 또한 지구상의 모든 생명체들이 공유한다.

II. DNA의 구조

① 형태적 구조

DNA는 디옥시뉴클레오타이드(dNTP)가 기본 단위로 이들이 연결되어 만들어진 분자이다. 기본적으로 2개의 단일 DNA 가닥이 서로 결합하여 나선 모양을 만드는 이중 나선 구조를 가지고 있다. 이 dNTP의 경우 당과 인산, 염기로 이루어져 있으며 염기의 경우 형태에 따라 피리미딘과 퓨린으로 나뉘게 된다. 피리미딘의 경우 고리 형태의 분자 구조가 1개 존재하는 염기 분자로 사이토신(C)과 티민(T)이 이에 속하며, 퓨린의 경우 고리 형태의 분자 구조가 2개 존재하며 아데닌(A)과 구아닌(G)이 이에 속한다. 특이한 점으로 이 염기의 경우 DNA 내에서 A-T C-G의 상보적인 결합을 통해 DNA의 이중 가닥의 형태를 유지하며 이러한 염기 서열의 배열에 따라 그 기능이 정해지게 된다.

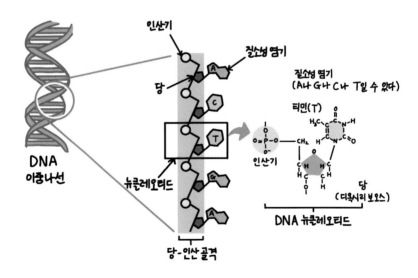

② 기능적 구조

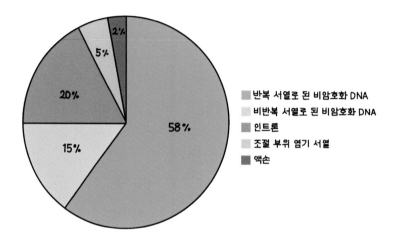

반복 서열로 된 비암호화 DNA
비반복 서열로 된 비암호화 DNA
인트론
조절 부위 염기 서열
액손

DNA 기반의 인간 유전체 중 모든 DNA가 기능 유전자(기능 유전자 설명 각주로 넣을 것, 일반인들은 잘 모름)를 암호화하는 것은 아니다. 실제로는 여러 형태의 높은 반복 서열을 가지는 DNA와 중간 반복 서열을 가지는 DNA가 사람 유전체의 상당 부분을 차지하며 이를 계산해 보면 50% 정도에 달한다. 또한 이러한 반복 서열 외에도 반복이 없는 비암호화 서열이 존재하며 이들을 제외하고 단백질을 암호화하는 부위는 전체 유전체 DNA 서열 중 2%밖에 되지 않는다. 특이하게도 이런 암호화되지 않은 서열의 경우 많은 돌연변이가 축적되어 있으며 이를 이용하여 개체 또는 종간의 분류를 수행하기도 한다.

ⅱ. PCR이란?

▲PCR 기기
© Thermo Fisher
Scientific

PCR이란 적은 양의 주형 DNA[1]를 많은 양의 DNA로 증폭시켜 줄 수 있는 실험 기법으로 적은 양의 DNA를 증폭시켜 주는 효과 덕분에 현대 생물학에서 DNA의 분석을 용이하게 하고 더 쉽게 다룰 수 있게 해 준다. 이를 응용하여 여러 PCR 방법으로 발전시켰으며 이는 현대 생물학에서 필수적인 실험 기법이라 할 수 있다.

실제로 필자의 경우 전공 특성상 PCR을 많이 접하고 실제로 빈번히 수행도 하고 있다. 필자가 수행하는 PCR은 시중에 나와 있는 시약을 적절한 용량대로 첨가하여 자동으로 온도를 조절해 주는 PCR 기계에 온도와 시간을 설정 후 돌리기만 하면 되는 아주 간편한 방식이다. 이는 글의 후반에도 나오지만 초창기의 PCR 방식에 비하면 아주 간편한 방식으로 개선된 것이다.

Ⅰ. PCR의 기본 원리

PCR은 DNA를 복제할 때 사용하는 DNA 중합 효소와 DNA의 기본 단위인 dNTP, 복제를 시키고 싶은 주형 DNA와 DNA 복제를 시작할 수 있도록 DNA에 결합하는 프라이머가 함께 작동하여 이루어진다.

DNA의 이중 가닥은 열을 가하면 단일 가닥으로 변성되는 특성이 있다. 특이한 점은 온도를 다시 낮출 경우 상보적인 염기 서열을 가지는 가닥들과 다시 결합할 수 있다는 점인데, 이를 이용하여 DNA의 복제를 진행한다.

---

1) DNA 복제가 될 때 이중 나선이 풀리며 각 단일 가닥 DNA에 상보적인 새로운 단일 가닥 DNA가 생기는데, 이때 복제의 원형이 되는 기존 DNA 가닥을 주형 DNA(template DNA)라 부른다.

먼저 DNA를 충분히 변성시킬 수 있는 온도로 가열을 하여 DNA를 변성시킨다. 이후 DNA 내 원하는 서열 부위의 앞과 뒤쪽에 상보적인 서열을 가지는 프라이머가 DNA와 상보적인 결합을 할 수 있도록 온도를 충분히 낮춰 준 뒤 DNA 중합 효소의 활성에 최적인 온도에서 DNA의 합성을 진행하면 DNA의 복제가 이루어지게 된다. 이론적으로는 이러한 일련의 과정을 거칠 때마다 2배씩 DNA의 양을 늘릴 수 있게 된다.

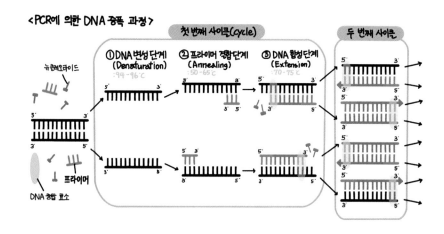

▲ DNA 증폭 과정을 간단히 표시한 그림.
DNA의 이중 가닥이 풀리고 프라이머가 붙어 DNA 중합 효소에 의해 DNA가 신장된다.

II. PCR의 종류

이러한 PCR 과정의 다양한 응용은 PCR 기술을 통해 낼 수 있는 모든 잠재력을 최대한으로 끌어올렸다. DNA 변성 온도가 서열의 구성에 따라 달라진다는 것을 이용하여 하나 이상의 주형 DNA를 한번에 PCR 시킬 수 있으며, 주형 DNA의 중간 서열에 상보적인 표지를 달거나 이중 가닥의 DNA에 붙어 표지를 하는 방식으로 실시간으로 DNA의 양을 알 수 있게 하여 처음 DNA의 양을 알 수 있게 한 RT-PCR(Realtime polymerase chain reaction), 각 염기마다 다른 표지를 하여 주형의 염기 서열을 확인할 수 있도록 한 Sanger sequencing 등 많은 PCR 응용 기술들이 생명 과학 전반에 걸쳐 유용하게 쓰이고 있다.

iii. PCR을 응용한 분야에는 어떠한 것이 있을까?

Ⅰ. 법의유전학

이 글의 도입부에서 언급한 영화와 이것의 모티브가 된 실제 사건의 이야기를 기억하는가? 실제로 사건 현장에서 발견된 시료의 분석을 통해 증거를 모으고 이를 활용하여 용의자 중 범인을 추려 나가는 과정은 수사 과정에서 많이 쓰이는 방식이다. 특히 사건 현장에서 발견된 DNA의 경우 용의자의 DNA를 대조하여 범인을 특정하는 데 많은 도움이 된다. 이렇게 DNA를 활용한 개인의 신상 확인 방법을 연구하는 학문을 법의유전학이라 한다.

법의유전학이란, DNA 내 개인의 신상을 파악할 수 있는 영역을 분석하여 이를 활용해 개인을 식별하는 방식을 연구하는 분야이다. 법의유전학이 발달하기 이전에는 범죄 현장에서 채취한 지문, 혈액형과 같은 제한된 정보만으로 범인을 색출하였어야만 했다. 하지만 DNA 지문법의 발달로 인해 우리는 더 정확하게 범인을 특정할 수 있게 되었다. 또한 사건 현장 DNA 정보의 빅데이터를 구축하여 출소한 범인의 재범을 막거나 아직 잡히지 않은 사건들의 범인의 DNA 정보를 저장하여 후에 다른 우연한 일로 인해 범인의 DNA가 확보될 경우, 미제 사건의 범인을 잡을 수 있는 시스템을 구축하였다.

더 나아가 대형 인명 피해가 있는 재난이나 형태를 알아볼 수 없는 변사체의 DNA를 채취하여 유가족과의 대조를 통해 실종자의 신원 확인과 친자 확인 같은 일을 할 수 있게 되었다. 또한 이를 동식물과 같은 인간 외의 생물에 적용하여 이들의 품종을 구별하는 데에도 사용함으로써 품종을 속여 파는 등의 범죄 행위에 대한 증거를 확보할 수도 있다.

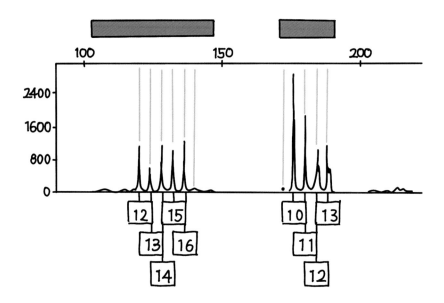

▲ STR분석을 수행한 결과지. 위의 회색 가로 막대가 각 STR의 좌위를 나타내는 것이며
그 내부의 그래프와 그래프 하단의 숫자가 반복 횟수를 나타낸 것이다.

　DNA 지문법이란, DNA를 활용하여 각각의 개인을 구분하거나 더 나아가 동식물의 품종 식별까지 각 개체를 구분할 수 있도록 고안된 방식으로, 최근에는 유전자 내의 짧은 직렬 반복 서열 부위의 PCR을 통한 증폭을 통해 분석하는 방식이 각광을 받고 있다. 앞서 이야기했듯이 인간 유전체 내의 대부분의 부분은 단백질을 발현하지 않는 비번역부위로 이들은 과거 특별한 기능이 발견되지 않아 정크 DNA, 즉 쓰레기 DNA라 불렀다. 비록 최근에 들어 이들도 생명 활동에 관여한다는 것이 드러나고 있지만 여전히 이들 중 대부분은 그 역할이 명확히 밝혀지지 않았다. 이들 비번역부위의 경우 그 중요도가 상대적으로 떨어지기 때문에 이곳에서 발생하는 돌연변이의 경우 치명적이지 않아 쉽게 축적이 가능하게 되었으며 이 돌연변이들이 각 종 또는 개체 간의 차이를 보여 주게 되었다.

　이러한 각 개체를 구별할 수 있는 부위는 많이 존재하지만 가장 대표되는 것이 짧은 직렬 반복 서열(STR)이다. 이는 비번역부위 내의 직렬적으로 반복되는 짧은 서열을 뜻하며, 이들의 반복 횟수가 개인마다 다르단 사실에 기반하여 각 개인을 구별한다. 이러한 반복 서열의 종류를 늘리면 늘릴수록 개인의 식별력은 높아지게 되며 현재는 우리나라는 13개의 STR 부위가 분석에 이용된다. 이러한 STR을 분석하는 데에는 PCR이 이용되며 STR 부위의 앞과 뒤의 서열에 특이적인 프라이머를 사용하여 STR 부위를 증폭한 뒤 이들의 길이를 측정하여 반복 횟수를 결정하게 된다.

II. 의학 진단

현재 필자는 진단 의뢰가 들어온 유전병 환자에게서 원인 유전자의 변이를 밝히는 일을 하고 있다. 유전병은 우리 몸속의 DNA에서 해로운 돌연변이가 생겨 발생하는 병으로, 부모로부터 유전을 받거나 환자의 대에서 새로 생기기도 한다. 이러한 유전병의 진단은 어떠한 일련의 과정을 통해 이루어진다. 먼저, 환자의 전체 DNA 서열 또는 단백질을 암호화하는 코딩 영역의 모든 서열을 파악한 후 그 안에서 돌연변이를 찾아낸다. 이후 해당 돌연변이들이 유해한지를 평가하고 유해한 돌연변이들을 골라낸 후 해당 돌연변이가 존재하는 부분만을 PCR 하여 돌연변이가 실제 존재하는지 검증하고 병의 원인을 확정한다.

우리가 이렇게 유전병의 원인 유전자를 찾는 이유가 있다. 병의 원인으로 추정되는 유전자를 발견하게 되면 해당 유전자가 이전에 연구가 된 유전자인지를 찾아 유전자의 기능을 알아내거나, 기능을 알지 못하는 새로운 유전자라면 유전자에 대한 연구에 들어갈 수 있게 된다. 이후 유전자의 기능과 유전자에 있는 해당 돌연변이가 미치는 영향에 대해 알게 되면 그에 맞는 적절한 치료를 제공할 수 있게 된다.

예를 들어 페닐케톤뇨증의 경우 페닐알라닌이라는 아미노산을 타이로신으로 바꾸는 효소의 유전적 부재에 의해 발생하는 병이다. 이 병에 걸린 사람은 페닐알라닌의 축적을 가지게 되는데, 페닐알라닌의 축적은 뇌 발달에 치명적인 영향을 끼쳐 정신 지체를 유발한다. 하지만 이러한 페닐케톤뇨증의 경우에도 사전 진단할 수 있다면 페닐알라닌의 함량이 적은 식단으로의 식이 요법을 병행해서 그 증상을 많이 호전시킬 수 있다.

또한 유전병의 원인 규명은 적절한 치료의 제공의 연장선으로 환자에게 적합한 약을 개발할 수도 있다. 척수근육위축증이라 불리는 SMA는 유전자의 결핍 또는 돌연변이로 인해 발생하는 희귀 질환으로 전 세계 신생아 중 약 1만 명당 1명꼴로 발생한다. SMA의 경우 증상이 진행함에 따라 근육의 약화가 진행된다. 심한 경우 이로 인해 생명 활동에 필수적인 움직임조차 어려워지게 되며 더 악화되면 결국 사망에 이르게 되는 치명적인 질환이다.

SMA는 질병의 중증도에 따라 type1~4로 나뉘게 되는데 전체 SMA 환자 중 약 60%가 포함된 type1이 가장 증상이 심한 경우로, 이는 SMN1이라는 유전자에 돌연변이가 있는 사람들 중 일부에서 나타난다. SMN1은 운동 신경 세포의 유지에 관여하는 단백질인 SMN 단백질을 암호화하는 유전자로 이에 돌연변이가 생기게 되면 운동 신경의 유지가 어려워지게 되고 근육의 위축이 일어나게 된다.

졸겐스마

제약사	노바틱스
성분명	오나셈노진아베파르보백
적용 질환	척수성근위축증
비용	1회/ 약 27억원

졸겐스마는 SMN1 유전자의 돌연변이로 인해 생긴 type1 환자들의 유전자 치료제로, 이들은 SMN1 유전자의 기능적 부위를 백터라는 운반체에 담아 환자에 접종하여 환자에서 정상적인 SMN1 유전자가 발현하게 만들어 증상을 개선시킨다.

iv. PCR의 발전은 미래에 어떠한 형태로 나타날까?

Ⅰ. 맞춤 의학

이러한 유전 연구는 유전병 환자에게만 국한되는 것이 아니라 정상적인 사람들에게도 적용이 가능하다. 앞서 언급한 방식으로 유전병 환자뿐만 아니라 정상인의 유전자 분석을 통해 각 개개인의 유전적 특성을 알 수 있게 되고 이에 맞는 질병 발병 확률, 약물 감수성 등을 알아내어 환자 개개인에 맞춰진 맞춤 의학을 제공할 수 있게 된다. 이러한 맞춤 의료의 결과, 질병의 예방, 개개인에게 적합한 약물을 사용하여 부작용의 감소 등의 기대 효과를 얻을 수 있다.

이러한 유전체 분석을 통한 개인 맞춤형 의료의 궁극적인 목적은 바로 스마트 헬스 케어일 것이다. 이는 개인의 건강 관리에 빅데이터, 인공 지능, 사물 인터넷, 클라우드 등 디지털 기술을 융합하여 개인의 건강 상태를 실시간으로 모니터링 및 관리하고 맞춤형 진료를 가능하게 하는 지능형 서비스를 의미한다.

사람들은 유전체 분석과 스마트 헬스 케어를 통해 자기 자신에게 적합한 건강 관리 루틴을 제공받을 수 있을 것이다. 또한 유전체 분석을 통해 각종 질병이 발생할 확률을 미리 예측한 결과와 스마트 헬스 케어 기술을 통해 얻어진 생체 신호를 바탕으로 질병의 발생을 미리 예방하거나, 초기에 질병을 치료할 수 있도록 서비스를 제공할 것으로 기대된다.

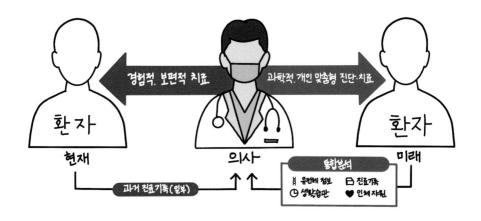

II. 유전자 치료

유전자 연구의 궁극적인 목표는 역시 유전자 치료일 것이다. 약물 치료의 경우 유전 질환의 증상을 조절하는 데에만 국한되지만 유전자 치료의 경우 환자에게 직접 치료를 위한 유전자를 전달해 주어 병의 근본적인 원인을 치료하기 때문에 더욱 효과적이다.

이러한 유전자 치료를 진행하기 위해 몇 가지 고려해야 할 사항이 있다. 우선 원인 유전자의 규명이다. 유전자 치료를 하기 앞서 질병의 원인 유전자를 정확히 할 필요가 있는데, 이 과정이 잘 이루어지지 않으면 엉뚱한 치료 유전자가 도입될 것이고 이로 인해 부작용이 생길 가능성이 있다.

유전자 치료 방법

체내 유전자 치료

❶ 병을 치료하는 유전자 정보를 담은 DNA를 바이러스에 주입

❷ 새로운 DNA가 주입된 바이러스를 몸속에 투여

❸ 이상이 있는 세포 유전자에 가서 기능을 발휘해 병을 치료

체외 유전자 치료

❶ 환자에게서 세포 채취

❷ 세포 안에 병을 치료하는 유전 정보가 담긴 DNA 주입 (DNA 주입한 바이러스를 세포에 넣기도 함)

❸ 새로운 DNA를 담은 세포를 다시 환자 몸속에 투여

❹ 이상이 있는 세포 유전자에 가서 기능을 발휘해 병을 치료

다음으로 고려해야 할 점이 복제 및 합성이 된 치료 유전자를 어떠한 방식으로 우리 몸에 도입할 것인지를 생각해야 한다. 이는 크게 생체 외 치료와 생체 내 치료로 나누어 볼 수 있다. 생체 외 치료는 환자의 세포를 분리하여 이에 치료 유전자를 도입한 후 이를 다시 환자의 몸에 이식하는 방식으로 이루어진다. 이는 환자 본인의 세포를 사용하기 때문에 면역 거부 반응으로부터 자유로울 수 있고 목표 세포에 직접 유전자를 도입할 수 있어 정확하다는 장점이 있다.

생체 외 치료의 경우 중증복합면역결핍증(SCID)[2]이라는 질병을 가진 Ashanti De-Silva라는 사람의 치료에 유전자 치료를 사용되었으며, 이는 1990년 FDA가 처음으로 승인한 인간 유전자 치료 실험이다. 이 SCID라는 유전 질환은 면역 기능 체계의 결핍으로 인해 일반적인 감염으로도 치명적인 결과가 초래될 수 있는 아주 위험한 유전병이다. 해당 환자의 경우 ADA라는 효소를 암호화하는 유전자의 돌연변이에 의해 중증복합면역결핍증이 유발된 것을 확인되었다. 이를 치료하기 위해 연구진은 환자의 백혈구의 일부를 추출하여 이를 정상적인 ADA 효소 유전자를 가지고 있는 바이러스를 감염시켜 정상적인 DNA를 가지는 백혈구를 만들어 냈다. 이후 이 백혈구들은 배양이 되었고 이들은 Ashanti의 혈액 내로 주입, 이를 반복하여 그녀의 병을 치료하였다. 이후로는 백혈구가 아닌 백혈구를 생성하는 골수 줄기세포를 같은 방법으로 증폭시켜 직접 ADA 효소를 정상적으로 생성할 수 있는 백혈구를 만들어 내도록 개량하여 사용되고 있다.

생체 내 유전자 치료의 경우 치료 유전자를 가진 백터라는 운반체를 직접 주입시켜 세포에 직접 전달하는 방식이다. 이러한 방식은 번거로운 과정이 없다는 장점이 있지만 그 특성상 유전자가 무작위의 조직에 가서 발현이 되는 것이 아닌 의도된 조직에만 전달되도록 조작할 필요가 있다. 앞서 설명한 SMA 치료제인 졸겐스마의 경우가 생체 내 유전자 치료의 한 예이다.

---

2) 선천적으로 생기는 면역 결핍증으로, 유전자의 변이가 원인이 될 수 있는 유전병 중 하나. 세균이나 진균, 바이러스의 감염에 대한 방어를 하지 못함.

Ⅴ. 윤리적 문제

　만일 여러분이 먼 미래의 의사이고 환자의 유전자 분석을 의뢰받아 유전자 분석을 수행하게 된 상황이라 가정해 보자. 환자의 유전자 검사 결과로 당장은 문제가 없지만 가까운 미래 또는 먼 미래에 환자에게 사망까지 할 수 있는 치명적인 병이 있음을 알게 되었을 때 이 사실을 환자에게 곧바로 알려야 할까? 이러한 사실을 알게 된 환자가 삶의 의욕을 상실하게 되는 것은 아닐까 하는 한편, 환자의 알 권리도 존중받아야 하는 것이 아닌가도 싶다. 이렇듯 기술의 발전이 우리에게 마냥 혜택으로 다가오는 것만은 아니다. 위의 상황과 같은 기술의 발전으로 인해 생길 딜레마와 같이 기술의 발전을 통한 유전자 진단기술의 혜택을 누리기 이전에 우리는 이에 따르는 윤리적 문제에 대해 한 번쯤 생각해 볼 필요가 있는 것이다.

　우생학은 가치 있는 품종만을 추려 내어 생물, 더 나아가 인간의 유전 형질을 개량한다는 이론으로 현대에 들어서는 인권의 억압 방식 중 하나로 취급받는다. 이는 인간이 역사에서도 찾아볼 수 있는데 왕족의 친족 간 근친혼, 백인과 흑인 간의 인종 차별, 나치 독일의 홀로코스트 등이 이에 속하는 사례이다. 훗날 기술의 발전에 의해 유전자 분석의 결과로 인간의 유전자형을 모두 알게 되면 유전 정보를 제공한 이에게서 어느 면에서 각각 강하고 약한지에 대해 유전적으로 가늠할 수 있을 것이다. 문제는 개인의 노력과 사회 환경의 영향을 무시한 채 개인의 유전 정보만을 토대로 개인을 평가하고 등급을 나누어 이로 인해 이들의 인권을 침해하는 일이 발생할 수 있다는 것이다.

　예를 들어 보험 회사에 보험 가입 시 개인의 유전자형에 대한 정보를 요구하여 해로운 유전자가 있음을 알게 될 경우, 보험 가입을 거절할 가능성도 있게 된다. 더 극단적으로 가게 되면 사회 고위 관직으로의 진출에 이러한 유전 정보에 대한 가치 판단이 들어가서 수많은 사람들의 사회 진출 기회를 빼앗을 수도 있을 것이다.

　이와 관련해서 대두되는 새로운 이슈로는 맞춤 아기에 관한 문제가 있다. 맞춤 아기는 사람들이 원하는 형질을 가진 배아를 선별하여 생긴 아기로 단순히 수정란을 선별하여 착상을 시키는 것부터 유전자 편집을 통해 원하는 형질을 가지도록 만든 경우까지 폭넓은 의미로 사용되고 있다. 2018년 중국의 허젠쿠이 연구진이 세계 최초로 맞춤 아기를 탄생시켜 이는 세간에 큰 이슈가 되었다. 이러한 맞춤 아기에 대한 여러 입장이 존재하는데, 반대하는 입장인 경우 우생학의 한 종류로 보고 인권을 침해하는 행위임을 강조하는 주장이 있는 한편, 이러한 맞춤 아기가 오히려 부모로써 더 책임감 있는 행위임을 강조하는 주장이 서로 대립한 상태이다.

PCR을 통한 앞으로의 기술 발전이 기대가 됨

1984년 케리 멀리스(Kary Banks Mullis, 1944.12.28~2019.8.7)가 고안해 낸 초창기 PCR은 열에 약한 클레나우 중합 효소를 사용하였기 때문에 그 증폭할 수 있는 DNA의 크기도 400bp 정도로 크지 않았다. 1988년 뜨거운 온도에서 살아가는 극 호열균인 Thermophilus aquaticus에서 이 생물의 DNA 중합 효소인 Taq을 찾아내었으며 이를 사용하여 PCR의 각 주기마다 새로운 효소를 넣어 주는 번거로움을 극복할 수 있게 되었고, 이로 인해 PCR의 효율을 더 높일 수 있게 되었다. 이후 이러한 PCR의 여러 응용 방법들이 생겨나게 되었고, 오늘날에 이르러서는 개인의 유전 정보 분석도 손쉽게 할 수 있게 되었다. 이러한 놀라운 기술 발달은 불과 50년도 안 되어서 이룬 것이다.

이제 이런 급격한 기술 발달에 발맞춰 신기술에 의해 발생할 영향에 대해 생각을 하고 대처 방안을 고민하고 마련해야 될 때인 것 같다. 앞서 말한 맞춤 아기와 같은 상황에서 자신의 생각을 바로잡고 올바른 자세가 무엇인지에 대해 생각해 볼 필요가 있다. 또한 개인적으로도 기술 발전에 따른 부작용에 대해 자각하고 이것으로 인해 생길 고정 관념과 사회적 차별에 대해 객관적인 시선으로 바라볼 수 있는 사람이 되도록 노력해야 할 것이다.

- PCR 요정이 나타나길 간절히 바라는 피학사-

2-2장

동전의 양면, 기술

2-2장 동전의 양면, 기술

과학의 선물, 기술

인간 수명의 한계는 어디까지라고 생각하는가?

한 연구에서는 인간의 최대 수명은 1995년에 이미 정점에 도달했다고 밝혔다. 인간의 수명은 꾸준히 늘어나고 있는데, 이는 첨단적인 과학 기술 발전의 산물이다. 이런 인간 수명의 연장은 단순히 생활 개선 및 의학적 발견뿐만 아니라, 첨단 IT 기술을 통한 디지털 패러다임과 밀접한 관련이 있다. 검색창에 '4차'라고 쓰면 곧이어 '산업 혁명'이라는 연관 검색어가 뒤따라붙을 정도로 우리는 4차 산업 혁명에 적응하여 과학 기술과 밀접한 관계를 가지고 있다.

4차 산업 혁명이란 정보 통신 기술의 융합으로 자동화와 연결성이 극대화된 차세대 산업 혁명으로, 1차, 2차, 3차 산업 혁명을 계승한다. 인공 지능으로 대표되는 초지능화 시대, 사물 인터넷으로 대표되는 초인터넷 시대에서의 산업 변화로 디지털·물리적·생물학적 영역의 경계가 없어지면서 기술이 융합되는, 우리가 지금까지 한 번도 경험하지 못한 새로운 시대를 지칭한다.

이런 첨단 기술의 발전은 상하수도 시설과 하수 처리 시설을 통해 과거 횡행했던 전염병 질환의 감소 및 소멸을 이뤄 냈으며, 아스피린 해열 진통제의 개발을 통해 독감으로 고통받던 전 세계 사람들을 해방시켰다. 더욱 향상된 현대 의학의 수준은 인간을 죽음에 이르게 하는 치명적인 질병의 치료 한계를 극복하게 만들고 있다. 암의 진단 및 치료에서는 빅데이터를 통한 AI가 활용되고 있으며, 수술 시스템에 로봇을 도입하는 로봇 수술 시대가 왔다. 그뿐만 아니라, 일상의 선택권을 늘려 질 높고 평안한 삶을 제공한다.

ⅰ. 대표적인 첨단 기술

Ⅰ. ICT 기반 환자 맞춤형 의료 서비스, 스마트 헬스 케어

이러한 4차 산업 혁명의 기술적 혜택으로는 '스마트 헬스 케어'가 있다. 헬스 케어 산업이란 생명 공학이나 의학, 약학 지식에 기초하여 인체에 사용되는 의약품이나 의료 기기를 생산하거나 건강 관리 서비스를 제공하는 산업이다. 여기에서 말하는 의료 기기란 위와 같은 인바디 밴드나 애플 워치 등의 활동량 측정 제품도 포함한다.

내가 다니고 있는 공주대학교에서는 인바디 검사와 함께 인바디 밴드 기기를 제공하는 만 보 걷기 챌린지를 꾸준히 시행하고 있다. 이 인바디 밴드 기기는 심박수와 하루 동안의 걸음 수, 움직인 거리와 시간, 사용한 칼로리 등을 측정하고, 이를 휴대폰 에플리케이션과 연동시키면 자신의 누적 데이터와 그 변화량을 낱낱이 확인할 수 있다. 이렇게 인바디 밴드로 기록한 생체 정보나 활동량을 전자 기기에 설치된 앱과 연동하여 실시간 모니터링이 가능한 건 '스마트 헬스 케어' 산업이 발전한 덕분이다.

전 세계적으로 고령화와 만성 질환 발병률의 증가로 인해 전반적인 의료 비용이 급격하게 증가할 뿐만 아니라, 과거에 비해 생활 수준이 향상되어 삶의 질 측면에서의 건강에 대한 사람들의 관심이 강조되고 있다. 이렇듯 질병의 진단과 치료, 그리고 예방과 관리 차원에서 의료 서비스에 대한 사람들의 욕구가 증가함에 따라 다양한 헬스 케어 기기가 만들어지고, 이로부터 축적된 데이터로 개인의 건강 상태 관리를 전담하는 기관들도 생겨났다. 따라서 이런 사회적 흐름 속에 가장 급격하게 부상한 것은 단연 소비자 중심의 의료 서비스, 즉 스마트 헬스 케어 산업이다.

이외에도 개인의 유전 정보나 생활 습관, 환경 정보와 같은 선천적·후천적 특성을 반영하여 질병 위험도를 예측하거나 맞춤형 약물 치료 등 각자에게 최적화된 진단 및 치료를 적용하는 정밀 의료(Precision Medicine)는 새로운 보건 산업 패러다임을 형성하고 있다.

정밀 의료는 빅데이터를 통해 환자의 다양한 데이터를 분석하고, 유전체 정보뿐 아니라 단백질체나 전사체, 대사체 등 각종 생물학적 정보인 오믹스(Omics)를 활용하여 환자 개인의 치료 효과를 극대화시킨다. 정밀 의료가 주목받고 있는 이유는 현 의료의 문제점들을 해결할 것으로 예상되기 때문이다.

① 약물 부작용 감소

현재까지도 대부분의 의학적 진단 및 약물 치료는 개인의 유전적 특성을 고려하지 않고 일관적으로 수행되고 있다. 그러나 의료에서 무엇보다 중요한 것은 개인과 개인이 속한 집단, 인종에 따른 유전적 차이를 파악하는 것이다. 동일한 조건의 환자에게 동일한 용량의 동일한 약물을 처방한다고 해도, 약물에 대한 저항성이나 약물 유해 반응에 관여하는 유전자와 약물 수용체, 운반체에 대한 유전자 다형성에 따라 생체 내 약물 반응이 차이 나기 때문이다. 이러한 개인차는 평균 3~5배이며, 약물에 따라 개인 간 약의 용량이 60배에 가까운 차이를 나타내기도 하기 때문에 약물 부작용 측면에서의 심각한 문제가 야기될 수 있다.

오믹스 기술은 개인의 민족적, 인종적 특성을 포함한 유전적 데이터가 약물과 어떻게 반응하는지 연구하여 약물 반응의 차이에 따른 부작용을 해결할 수 있다. 환자가 본인에게 어떤 약물이 잘 맞는지 알기 위해 시행착오를 겪지 않아도 된다는 점이 무엇보다도 큰 장점이다.

② 신속, 정확, 간편한 진단

현재의 기술 및 정책상 각 기관별로만 관리하고 있는 환자 개개인의 데이터를 상호 호환 및 데이터 통합 기술을 발전시킨다면, 하나의 플랫폼을 통해 환자별로 건강을 간단히 관리할 수 있다. 이 플랫폼을 통해 의료진은 일상생활에서 누적된 심박수나 체중, 운동량 등 환자의 데이터를 참고하여 더욱 객관적이고 정확한 진단이 가능할 뿐만 아니라, 더불어 의사 개인 역량이나 숙련도에 의존하여 내린 진단이나 오진을 줄일 수 있다.

유전적 요소의 개입으로 인해 개인별 발병 확률에서 차이가 나는 암과 고혈압, 당뇨를 비롯한 만성 질환 및 심장 질환의 발병 확률을 오믹스 기술 및 정밀 의료를 통해 예측할 수 있다.

③ 의료 비용 & 격차 감소

환자 개인의 유전적·환경적, 또는 선천적·후천적 특성을 다방면으로 고려해 정확도를 높이는 치료법은 불필요한 의료 행위를 줄이며, 오진으로 인한 고통과 비용을 감소시키는 데 더해, 의료 비용 부담과 건강 보험 재정도 개선할 가능성이 있다. 2019년 스위스 베른대학과 제네바대학 연구팀은 정밀 의료가 불필요한 의료 비용 감소로 이어진다는 사실을 증명하였다. 향후 정밀 의료 서비스 발달이 가속화됨에 따라 언제 어디서나 간편하게 이용 가능하다는 편리성을 생각해 봤을 때, 정밀 의료는 국내뿐만 아니라 국제적으로도 지역 간 계층 간 의료 격차를 대폭 줄일 것으로 기대된다.

Ⅱ. 21세기판 연금술, 바이오 3D 프린팅

13세기 유럽에 유입된 중세 연금술은 근대 과학이 발전하기 이전의 과학 철학적 시도로서, 화학, 금속학, 물리학, 약학 및 의학, 기호학 등을 초자연적인 힘의 일부로 이해하려는 운동이었다. 중세 연금술사들은 고대 그리스의 4원소설을 근거로, 모든 물질이 물, 공기, 불, 흙, 4가지의 조합이며, 단순히 구성비에 대한 정보만 있다면 원하는 물질로 바꿀 수 있다고 생각했다. 근대 과학이 점차 발달하기 시작하면서 연금술은 터무니없는 믿음으로 치부되었다. 그런데 이러한 연금술이 최첨단 과학의 시대, 21세기에 부활했다면 믿을 수 있겠는가.

21세기판 연금술의 주역은 다름 아닌 3D 프린터이다. 고령화, 사고율 증가, 만성 질환 증가 등으로 기능이 저하되거나 손상된 장기의 이식에 대한 수요는 증가하고 있는 반면, 장기 기증 등 공급은 부족한 실태 속 인공 장기에 대한 수요가 꾸준히 증가하고 있다. 국내에서 장기 이식 대기자는 2021년 2월말 기준 4만 4천여 명을 넘어섰으며, 전년 대비 10.7% 증가했다. 그러나 장기 기증자 수는 매년 감소하는 추세를 보이고 있으며, 당해년도 기증자는 4442명으로, 전년 대비 0.36% 감소했으며, 이는 수요에 비하면 턱없이 부족한 수이다. 또한 코로나19로 인하여 관련 기관의 모집 활동 저조 등 사회적 여건으로 등록자가 감소하면서, 20년도 기증 희망 건은 전년 대비

25.7% 감소했다. 이렇듯 수요-공급의 불균형으로 인해 장기 이식 대기자의 평균 대기 시간은 1837일이며, (20년도 기준) 7년 이상 장기 이식을 기다리는 이식 대기자의 수는 무려 9천여 명에 달한다. 이러한 이유로 최첨단 의료 산업인 인공 장기를 제조하는 바이오 3D 프린팅 시장이 급부상하고 있다.

먼저, 3D 프린터란 입력한 도면을 바탕으로 x축, y축, z축의 3차원 일체 구조를 만들어 출력하는 기계이다. 이렇게만 말하면 생소할 수 있지만, 3D프린터의 기본 원리는 전송된 디지털화된 파일을 출력한다는 점에서 2D 잉크젯 프린터와 유사하다. 3D 프린터는 입체 형태를 제조하는 방식에 따라 적층형과 절삭형으로 구분된다. 적층형은 석고나 나일론 등의 가루, 플라스틱을 얇은 층으로 겹겹이 쌓는 방식이다. 작업과 동시에 채색도 진행할 수 있다는 장점이 있다. 절삭형은 커다란 덩어리를 깎아내어 조각하는 방식이다. 이는 더 정밀한 완성품을 만든다는 장점이 있지만, 그만큼 재료가 많이 낭비되고 채색 작업을 따로 진행해야 한다는 단점이 있다.

바이오 3D 프린팅에는 적층형 방식이 주로 사용되는데, 즉 살아 있는 세포를 원하는 형태로 쌓으며 조직이나 장기를 제작하는 방법이다. 기존의 인공 장기는 생체 친화성이 부족한 플라스틱이나 금속을 재료로 만들어졌기 때문에 일정 기간 동안만 사용할 수 있으며, 기능의 유지를 위해서 추가적인 노력이 많이 필요했다. 반면, 바이오 프린팅 기술은 인체에서 유래된 세포 등의 생체 재료나 바이오 분자를 이용하여 생체 친화적인 인공 장기를 제조할 수 있다.

바이오 프린팅에 사용되는 소재는 생체 적합성 외에도 생분해성, 생체 모방성의 특성을 갖는다. 생분해성은 바이오 프린팅으로 제작된 지지체나 조직은 세포가 점차 성장함에 따라, 세포의 성장 공간을 확보하기 위해 체내에서 분해되어야 한다는 성질이다. 분해 중 나오는 분해 산물들 또한 독성이 없어야 하며, 신진대사 과정에서 사용되어 빠르게 대사되어야 한다. 생체 모방성은 상처가 생겼을 때 세포나 조직 등을 똑같이 복제하고 생산하여 상처 부위를 치료 및 회복하는 사람의 생물학적 기작을 모방함을 의미한다. 이를 위해서는 세포 집합체 생존에 필요한 환경을 이해하고 재현해야 하며, 환경 및 구조와 기능에 따른 세포의 종류와 세포의 성장 및 분화에 영향을 주는 인자도 확인해야 한다.

바이오 3D 프린팅의 큰 장점 중 하나는 개인 맞춤형 제품의 제작이 가능하다는 점이다. 병원에서 진단용 기계, 즉 CT나 MRI의 영상 정보를 토대로 제작한 환자의 질병 부위의 3차원 모델로부터 형상 정보를 추출하여 프린팅 정보를 얻을 수 있다. 이 프린팅 정보는 바이오 3D 프린터를 작동시키는 코드로, 여기까지 모든 과정은 컴퓨터 계산이 가능하여 자동화할 수 있다. 이러한 일련의 프린팅 과정은 환자 개인의 특성에 따른 맞춤 제작이 가능하게 한다.

포항공과대학교 조동우 교수팀은 심장과 지방 및 연골 조직 유래 재료를 활용한 새로운 바이오 잉크를 개발했다. 연구팀의 잉크는 동물 장기에서 일어나는 면역 거부 반응의 주요 원인 세포만을 선택적으로 제거하는 탈세포 공정을 활용한 것으로, 이를 통해 얻어지는 바이오 잉크 재료는 매우 우수한 생체 적합성을 갖는다. 또한 정밀 세포 프린팅도 가능하며, 해당 장기에서 관련 조직을 재생하는 데 최적의 생물학적 환경을 제공한다.

인공 미세 혈관 프린팅 기술도 주목할 만한 기술이다. 우리 몸을 구성하는 조직은 대부분 순환계의 혈액 유동성을 통해 영양분과 산소를 공급받으며 생존하고 기능을 유지한다. 따라서 인공 조직의 재생 과정에 있어, 인공 미세 혈관의 존재는 필수적이다. 바이오 프린팅 기술의 발달 덕에 혈관 내피세포 유래 인공 미세 혈관을 이용하여 인공 간 조직의 기능을 향상시킬 수 있다는 연구 결과도 나왔다.

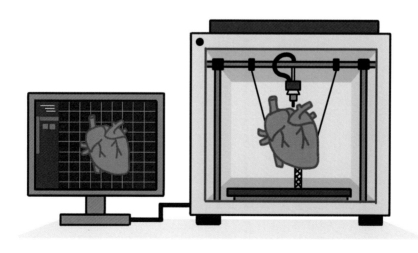

여러 접근 방법을 통해 인공 장기 관련 기술은 꾸준히 발전하고 있으며, 이미 상용화된 기술에는 인체에 이식할 수 있는 인공 심장의 일종으로 좌심실 보조 장치, 인공 피부, 인공 뼈 및 관절 등이 포함된다. 또한 인공 혈액과 인공 뇌 등을 개발하려는 중이다. 이스라엘의 한 연구팀에서는 환자의 세포와 생물학적 환경을 이용하여 미니 심장을 만드는 데 성공했다. 이 미니 심장은 무려 환자 맞춤형 혈관 조직까지 구현되었다.

이러한 바이오 인공 장기 개발을 이루기 위해서는 우수한 생체 적합성을 갖춘 생체재료를 마련하는 것도 중요하기 때문에, 다양한 소재를 개발하기 위한 글로벌 기업들의 경쟁이 본격화되고 있다.

물론, 3D 프린팅 기술의 발달로 맞춤 주문형 인공 장기가 상용화 및 보편화될 경우 의료 윤리가 위반될 가능성이 없지는 않다. 의료윤리연구회 홍성수 회장은 "오남용을 막기 위한 가이드라인은 (의료 부문에서의 바이오 3D 프린터 활용의) 상용화 이전에 반드시 마련돼야 한다"고 언급했다.

III. 마이크로바이옴

다양한 분야에서 효용성을 꾸준히 인정받음으로써 우리에게 매우 친숙한 미생물 또한 성큼 다가온 4차 산업 혁명 시대에서 그 중요성과 발전 가능성이 나날이 재평가되고 있다. 미생물은 맨눈으로는 관찰할 수 없는 생물로서, 인체부터 식품과 의약품, 환경까지 섭렵하며 우리 생활과 밀접하게 관련되어 있다. 환경 보호의 필요성이 급부상하는 현대에서 주목받고 있는 것이 바로 '마이크로바이옴(microbiome)'이다.

마이크로바이옴(microbiome)이란 미생물 무리를 의미하는 마이크로바이오타'(microbiota)'와 유전자를 의미하는 '게놈(genome)'의 합성어로, 생물이나 토양, 바다 등 모든 환경에서 서식하거나 다른 생물체와 공존하는 미생물과 그 유전 정보 전체를 포함하는 미생물 군집을 말한다.

2006년, 미국의 생물학자 제프리 고든(Jeffrey I. Gordon) 박사는 장내 마이크로바이옴이 비만과 관계있음을 증명하는 연구를 '네이처(Nature)'에 실었다. 비만 쥐와 마른 쥐의 분변을 각각 채취하여 무균 쥐에 주입한 결과, 마른 쥐보다 비만 쥐의 분변을 주입받은 무균 쥐가 더 빠른 시간 안에 비만이 된다는 사실을 알아냈는데, 즉 비만인 사람과 비만이 아닌 사람의 장내 마이크로바이옴이 다르다는 것이다. 이 연구를 시작으로 인체 내의 많은 미생물들이 비만, 당뇨, 노화와 더불어 정신 질환에 이르기까지 인간의 건강에 많은 영향을 미친다는 관련 연구들이 보고되면서, 마이크로바이옴에 대한 관심도가 높아지기 시작했다. 마이크로바이옴의 효능은 어떤 분야에 어떻게 이용하느냐에 따라 무궁무진하다.

우리 몸의 마이크로바이옴은 소화관, 호흡기, 생식기, 피부에 걸쳐 넓게 분포하고 있는데, 그중 95% 비중이 소화관에 분포하고 있다. 장내 세균은 소화관에서 소화 효소가 미처 처리하지 못한 부분을 분해하여 인체에 유용한 비타민, 호르몬, 신경 전달 물질, 에너지 생성을 통해 인체의 신진대사를 조절하고, 사람의 전신 면역계를 자극하여 발전시키는 등 인체 전역에 지대한 영향을 미친다. 장내 마이크로바이옴은 다양한 생리 작용에 관여하고, 따라서 인체의 여러 장기에서 다양한 질환과 관련되어 있다.

장내 마이크로바이옴의 불균형은 숙주(사람)의 조건에 따라 염증성 2형 당뇨나 자가 면역성 1형 당뇨를 일으킬 수 있다. 제프리 고든 박사가 2013년 '사이언스(Science)'에 발표한 논문에서는, 한쪽은 비만 체형이고 다른 한쪽은 마른 체형인 쌍둥이 자매 두 쌍과 무균 쥐(germ-free mice)를 이용한 실험을 진행하였다. 쌍둥이 중 비만인 쪽으로부터 유래한 대변과 마른 쪽으로부터 유래한 대변을 각각 쥐에 투여했을 때, 주입된 대변의 종류에 따라 비만과 마른 체형이 쥐에게서도 나타났다. 또한 비만 쥐와 마른 쥐를 한 우리에서 키웠을 때 비만 쥐의 비만도가 개선되었는데, 장내 미생물 분석 결과에 따르면 마른 쥐의 장내 미생물 중 비만에 관여하는 균종이 비만 쥐에게 옮겨 간 것으로 확인되었다.

사람에게서는 아직까지 이런 극적인 결과가 보고된 적은 없으나, 네덜란드 의료진의 연구에 따르면 마른 사람의 분변을 비만인 사람에게 투여했을 때, 비만인 사람의 인슐린 저항성이 개선되었다고 한다.

인슐린 저항성을 특징으로 하는 2형 당뇨는 당뇨의 90%를 차지하고 있다. 2형 당뇨 환자의 장내 미생물을 검사한 결과 당뇨병과 밀접하게 관련된 중요한 두 개의 균종이 감소되어 있었다. 두 균종을 쥐에 투여했을 때, 쥐의 장 투과성과 내독소가 감소되었고, 만성 염증과 인슐린 저항성이 개선되는 것을 확인하였다. 최근 연구 결과에서는 처방 빈도가 높은 경구 당뇨 약제의 항당뇨 효과에 장내 미생물이 관여한다는 사실도 밝혀졌다.

또한 2형 당뇨뿐만 아니라 유병률이 비교적 낮은 1형 당뇨의 경우, 생후 1년 이내에 프로바이오틱스 사용시 췌장의 베타 세포에 대한 자가 항체 생성이 줄고, 1형 당뇨 유발 위험성을 감소시킨다는 연구가 있었다.

장내 마이크로바이옴의 조성은 심혈관 질환의 발생에도 관련되어 있다. 장내 마이크로바이옴에서 유래한 과다한 내독소 등은 염증을 일으키고, 장기적인 염증은 관상 동맥 질환과 심부전을 발생시킬 수 있다. 심장 질환을 가지고 있는 환자의 장내 마이크로바이옴 조성에서는 대조군에 비해 상대적으로 유익균이 적고 유해균은 많은 편으로, 이러한 바이오마커 발굴을 관상 동맥 질환 및 심부전 진료에 활용하는 시도도 이어지고 있다.

또한 2017년 '네이처(Nature)'에서는 산모의 장내 세균이 신생아의 자폐 장애에 영향을 미칠 수 있다는 연구 결과가 보고되면서, 산모의 마이크로바이옴이 신생아의 장내 미생물 형성에 중요하게 작용하는 인자임을 확인할 수 있었다.

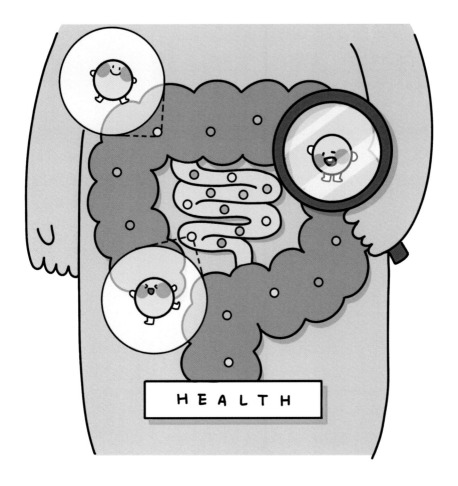

이외에 순환계 질환, 비뇨기계 질환, 호흡기 질환, 피부 질환 등의 분야에서도, 장내 마이크로바이옴 조성과 연계하여 우세균종과 열세균종을 분석함으로써 장내 마이크로바이옴과 여러 질환과의 상관성을 밝히고 이를 이용한 치료법을 연구하고 있다.

22년도 초 마이크로바이옴을 주제로 한국과학기술한림원이 개최한 한림원탁토론회에서, 이세훈 성균관대학교 의과 대학 교수는 "(장내 마이크로바이옴이 인체 질환 예방 및 치료에 기여한다는) 중요한 명제를 기반으로, 우리가 실제로 어디까지 나아갈 수 있는지, 우리가 가지고 있는 치료제에서 더 많은 부분을 어떻게 더할 수 있는지 연구가 진행되고 있다"고 발언했다. 이세훈 교수의 발표에 따르면, 마이크로바이옴을 활용해 다양한 방식의 치료제를 개발할 수 있다.

먼저 대변 장내 미생물 이식으로 정상인의 대변을 환자에게 이식해 줌으로써 정상인의 장내 미생물을 환자에게 이식하는 방법이 있다. 식이나 프로바이오틱스 등의 섭취를 통해 장내 마이크로바이옴을 변화시켜 특정 건강 문제를 해결하는 방법도 주된 치료법 중 하나로 사용되고 있으며, 환자에게 필요한 유익균만을 정확하게 선별하고 조합하여 투여하는 방법, 유익균 유래의 단백질이나 대사 부산물을 활용하는 방법 등 다양한 마이크로바이옴 기반 치료제가 개발되고 있다.

ii. 기술의 이면

이동 수단과 통신 매체, 학업 도움에 더불어 키오스크 등 부가적인 기술이 발전함에 따라 현대 사회는 최첨단 테크노 사회로 진화했다. 그러나 이러한 급격한 과학 기술의 발전은 기존 환경 문제를 심화시켰으며, 또 다른 질병과 차별을 우리 삶에 서서히 안착시켰다.

Ⅰ. 질병의 만성화

현대 산업의 급전적인 개혁에 기여하는 디지털 혁신은 이제 의료 제공자들에게 각종 옵션을 제공하는 가치 기반 치료를 가능하게 하고, 환자와의 치료 경험마저도 개선하는 새로운 패러다임을 만들고 있다. 인류의 죽음은 지속적으로 늦춰지고 있으며, 첨단 과학 기기를 통해 암과 같은 치명적인 질병은 점차 정복되고 있다.

이와 모순적으로, 만성 질환의 발병률은 증가하는 추세를 보인다. 알레르기성 비염의 의사 진단 경험률(만 19세 이상, 표준화)은 2020년 18.7%로, 2010년 약 14%를 웃돌았던 것을 생각하면 최대 3%정도 증가했다. 또한 아토피 피부염의 의사 진단 경험률(만 19세 이상, 표준화)은 2020년 5.2%로, 2007년부터 2~5% 수준이었다. 고혈압의 유병률(만 19세 이상, 표준화)은 2020년 22.9%로, 2019년(22.2%) 대비 소폭 증가했다. 특히 성인 남성의 경우 2020년 28.6%의 비율을 보이며 2019년 대비 각각 3.1%p 증가하였다. 질병 관리청이 발간한 '2022 만성 질환 현황과 이슈'에 따르면, 2021년 전체 사망 원인의 약 80%가 만성질환이었다.

만성 질환은 개인의 생활 습관 및 생활 양식, 환경적 요인, 사회·경제적 요인 등이 복합적으로 작용하여 발생하는 다인성 질환이다. 따라서 만성적 질환의 점진적인 증가는 고령화, 의료 기술의 발전, 기대 수명 증가, 변화된 생활 습관 등에 기인함을 시사한다.

Ⅱ. 정보 인권 침해

정밀 의료를 통해, 환자의 진단 및 치료부터 신약 개발까지 거의 대부분 의료적 행위는 환자 개개인에 대한 다층적 분석 정보를 토대로 진행될 것이고, 환자의 개인 정보들을 축적한 지식 은행을 활용하여 개인 최적화 약물을 개발이 이루어질 것이다. 그러나 대규모 연구를 통해 수많은 개인 정보가 데이터베이스로 저장되면, 정보의 열람이나 활용의 측면에서 윤리적인 문제가 일어날 수 있다. 따라서 정밀 의료를 대대적으로 개발하기 전에 포괄적 차원에서의 윤리 교육이 필요하다. 물론 가장 기본적으로 갖춰져야 할 조건은 개인 정보의 철저한 보호이다.

III. 디지털 양극화

PwC에 따르면, 건강을 좌우하는 사회적 결정 요인에는 사회적 고립, 경제 불평등, 오염 및 식료품 부족 등이 있으며, 이는 거주 및 생활 지역과 관련된 사회·경제와 이를 포함한 모든 환경에 의해 결정된다고 한다. 즉, 과학 기술의 발전에 따라 기술과 거대 자본의 결속은 강화되는 반면, 상대적으로 이러한 기술 혹은 정보를 다루는 능력이 취약한 시민들은 사회와 유리되기 쉬워진다.

정보 격차(Digital Divide, 디지털 디바이드)라는 말은 1995년 미국 '뉴욕 타임즈(The New York Times)'에서 '정보를 가진 사람과 가지지 못한 사람의 차이'를 의미하는 용어로 처음 쓰였다. 국내에서는 2006년 '정보 격차 해소에 관한 법률' 시행에 따라 널리 쓰이기 시작하였으며, 이 법률에서는 저소득자, 농어촌 지역 주민, 장애인, 고령자 등을 정보에 취약한 계층으로 정의하였고, 이는 소득, 거주 지역, 신체적 약점에 의해 발생할 수 있다고 하였다.

이 코로나 시대에 들어서며 '디지털 소외 계층'으로 부각되고 있는 것은 바로 고령자층이다. 코로나19 확산에 따른 비대면 디지털 서비스의 보편화로 인해 다수의 시민들이 편리하고 효율적인 최신식 기술에 열광할 때, 고령자층은 기술 활용에 능숙하지 못해 불이익을 받아야만 했다. 더해서 백신 접종 등 코로나19와 관련된 대부분의 정보가 스마트폰 앱이나 인터넷 사이트를 통해 제공되면서, 이들은 보건 안전이라는 시민의 기본권에서 소외되었다. 대한민국 정부에서 보건용 마스크의 민간 공급을 목적으로 마스크 판매처와 재고를 확인할 수 있는 웹서비스를 제공했을 때도, 고령자층은 이용 방법을 모르거나 익숙하지 않아 동네의 모든 약국을 직접 돌아다녀야 했다.

IV. 기술 만능주의

또한 기술의 발전에 점차 인류의 생활이 의존하게 되면서, 기술 만능주의가 팽배해질 수 있다. 이상 기후, 초미세 먼지, 급작스러운 자연재해 등 환경 오염으로 발생한 문제들의 근원적인 해결책을 강구하지 않고, 기술을 활용해 이를 완화할 제품을 출시하는 형국이다. 우리는 자차 이용을 줄여 미세 먼지 자체를 덜 생산하는 방법보다 공기 청정기를 생산하는 공장을 더욱 가동하는 방법을 선택했으며, 환경을 위해 일회용품 소비를 줄이자는 취지로 생산된 에코백과 텀블러는 여러 기업에서 경쟁적으로 매주 신상품을 출시하면서 도리어 일회용품으로 사용되고 있다. 이러한 태도는 악순환을 반복하며 상황을 급속도로 심각하게 만든다.

균형

과학 기술은 그 자체가 목적으로서 존재하는 것이 아니라, 생태적 온존을 위한 수단이어야 한다. 즉, 기술은 오로지 지속 가능한 생태계의 보존과, 우리 인간이 이 생태계와 어떻게 조화를 이루며 공존할 수 있는가를 탐구할 때에만 정당하다고 볼 수 있다. 그러나 이는 위 기술한 여러 심오한 문제를 타개하지 않고서는 실현 불가능하다. 환경 전문가들 모두가 지구의 자정능력이 이미 임계치, 즉 이전으로 돌이킬 수 있는 한계를 넘었다고 말한다.

사실 인류는 이제 내리막길 앞에 선 것과 다름없으나, 지금부터 우리의 역할은 인류 역사 이래 꾸준히 발생한 환경 오염을 최대한 지연시켜서 더 이상 지구의 생태가 지나치게 파괴되지 않도록 노력하는 것이다. 그러기 위해서는 일상에서 개개인의 의지도 중요하지만, 기술로부터 자원을 보호하기 위한 근본적인 친환경적 기술이 필요하다.

특별히 생태계의 한 구성축으로서의 인간의 존립을 궁극적인 목표로 하는 보건 복지 전문가들의 역할이 중요하다. 보건 복지 전문가들은 과학 기술 및 그 발전에 있어 '현재와 미래 세대, 그리고 생태계에 대한 책임'이라는 원칙을 관철하기 위해 적극적으로 행동해야 한다.

- 구나연 -

2-3장

뇌와 컴퓨터의 만남

여러분들은 테슬라의 창업자인 일론머스크와 페이스북의 창업자인 마크 주커버그를 알 것이다. 이들의 공통점이 있는데, 바로 두 사람 모두 생각만으로 정보를 전달하고 사물을 조작하는 기술을 구현하는 BCI의 기술에 뛰어들었다는 점이다. BCI 기술을 처음 듣는 사람도 있고 어디선가 들어 본 사람도 있을 것이다. 아직까지 우리나라에서는 많이 알려진 기술도 아닐 뿐더러 많은 연구가 되어 있는 기술이 아니다. 하지만 필자가 BCI를 공부하면서 미래에는 거동이 불편한 환자의 인생이 달라질 수도 있고 점진적으로 발전하면 엄청난 기술이 될 수도 있으리라 생각하여 BCI에 관해 소개를 해 보려고 한다.

ⅰ. BCI 기술의 정의

BCI는 약자로 되어 있어 풀어서 설명하면 brain-computer interface라는 뜻을 가진다. BCI는 뇌에서 일어나는 정보 처리 결과를 말이나 신체 동작을 통하지 않고, 사용자가 생각하고 결정한 특정 뇌파를 센서로 전달하여 컴퓨터에서 해당 명령을 실행하게 하는 기술을 의미한다.

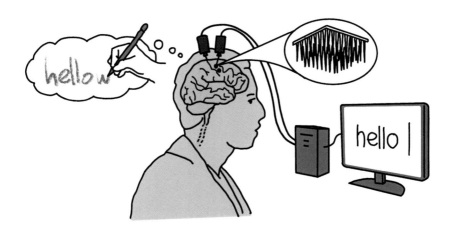

▲ BCI 기술의 구연방법

BCI가 어떻게 인간의 뇌파[1]를 읽고 분석해서 컴퓨터로 보낼 수 있는지 그 기술에 대해 알아보려고 한다. BCI 기술은 크게 3가지 방법을 통해서 신호를 처리할 수 있는데, 그중 첫 단계인 전처리 단계에서는 뇌에서 얻은 신호에 있는 잡음을 제거한다. 현재 개발된 뇌파를 감지하는 센서는 BCI를 구현하는 데 필요한 신호뿐만 아니라 여러 다른 신호도 함께 감지한다. 예를 들어 우리가 손을 움직이려고 할 때의 뇌파를 측정하면 우리의 눈은 불수의적[2]으로 깜빡이게 되는데 이때의 잡음이 눈을 깜빡일 때의 신호로서 이는 눈 깜빡임에서 나오는 신호를 얻어 제거할 수 있다.

다음은 특성 추출 단계인데 이 단계에서는 정말 필요한 신호를 골라내는 작업을 진행한다. 어떠한 생각을 지속하면 일정한 패턴을 보이는 신호를 골라내는 작업을 특성 추출 단계에서 진행한다.

마지막으로 분류 단계인데, 이 단계에서는 정말 필요한 신호를 골라내는 작업이 이루어지는데 이때는 전환 알고리즘을 통해 뇌파 신호가 어떤 종류인지 파악하고 속하는지 분류한다. 이러한 여러 단계를 통해 BCI 기술을 구연할 수 있다. 이러한 뇌파는 보통 대뇌피질[3]로부터 신호를 측정하는데 최근에는 피질하 영역이나 뇌간[4]으로부터 측정하여 BCI에 이용하는 연구가 진행되고 있다.

---

1) 뇌파: 뇌 속의 신경 세포가 활동하면서 발산하는 전파
2) 불수의적: 자기 마음대로 되지 않는 것
3) 대뇌피질: 대뇌피질은 대뇌 반구의 바깥층을 감싸고 있는 2~3mm의 회백질 부분
4) 뇌간: 좌우 대뇌 반구와 소뇌를 제외한 뇌의 가운데 부위로 뇌와 척수를 이어 주는 줄기 역할을 하는 부위

ii. BCI 기술의 뇌파 측정 방식

　현재까지 알려진 뇌파 측정 방식 중 가장 대표적인 뇌파 측정 방식에는 비침습형과 침습형으로 나뉜다. 먼저 비침습형 BCI는 말 그대로 뇌파를 감지하는 센서를 뇌에 직접적으로 넣지 않고 측정하는 방식이다. 이때는 EGG(뇌전도 검사)를 이용하는데 두피에 붙여 뇌파를 측정한다. 비침습형 BCI의 장점은 수술의 위험이나 감염에 대한 위험은 없다는 점이다. 하지만 단점으로는 신호의 노이즈가 많아 퀄리티는 다소 떨어지고, 사용할 때마다 착용해야 한다는 수고스러움이 있다. 그렇지만 일반 사람들이 받아들이기 비교적 쉬운 비침습형 BCI가 일상생활에 가장 먼저 적용될 것이라고 전문가들은 예상한다. 실제로 이 비침습형 BCI는 페이스북의 창업자인 마크 주커버그가 연구를 진행하고 있는데 AR과 VR을 BCI 기술과 접목하여 새로운 메타버스[5] 시대를 열겠다고 밝혔다. 필자가 느낀 메타버스는 ZOOM 화상 회의와 별다른 점을 느끼지 못하였지만, BCI 기술과 AR, VR 등이 접목된다면 조금 더 사실적인 메타버스를 구현할 수 있지 않을까 생각된다.

　반면 침습형 BCI는 뇌파를 측정하는 장치를 뇌에 직접 삽입하는 방식이다. 이 방식은 신호를 감지할 수 있는 센서가 뇌와 맞닿아 있어 발생한 신호를 직접 읽을 수 있어서 약한 신호의 감지도 가능하고 더욱 정확한 신호를 감지할 수 있다는 장점을 가지고 있다. 단점으로는 수술적인 방법이 필요하고 감염의 위험이 있다. 또한 장치를 뇌에 삽입한다는 것 자체가 일반인들에게 공포와 두려움으로 다가올 수 있어서 비침습형에 비해 상용화가 늦어질 것으로 전망한다. 이 침습형 BCI는 일론 머스크가 뉴럴링크를 통해 연구 중에 있고 좀 더 많은 전극을 뇌에 연결하여 빠르고 정확한 뇌파를 전달할 수 있게 연구하고 있다.

　마지막으로 stent 기술을 이용한 뇌파 측정 기술이 있는데 뇌혈관에 뇌파를 읽는 장치를 삽입하는 방식이다. 이 방법은 침습형보다 침습의 정도가 적고 간단한 시술을 통해 장치를 삽입할 수 있지만 stent가 삽입된 곳의 뇌 부위의 정보만 읽을 수 있다는 단점을 가진다.

---

5)　메타버스: 가공, 추상을 의미하는 '메타(meta)'와 현실 세계를 의미하는 '유니버스(Universe)'의 합성어로 3차원 가상 세계를 의미

비침습형 BCI   침습형 BCI   부분 침습형 BCI

(비침습형: 머리에 장치를 붙여서 사용하는 BCI)
(침습형: 뇌에 기계를 직접 삽입하여 사용하는 BCI)
(부분 침습형: 뇌 혈관에 기계를 삽입하여 사용하는 BCI)

iii. 뇌파의 종류

위에서 이야기했던 비침습형, 침습형, 부분 침습형 BCI 기술들은 모두 뇌파를 측정해 기술에 이용한다는 공통점이 있다. 우리가 BCI 기술에서 뇌파를 주로 이용하는 이유는 현재까지 뇌파의 연구가 많이 진행되어 왔고 측정한 데이터를 분석하기가 용이하기 때문이다. 또한 측정 방법에 드는 비용적인 측면에서도 적게 들어가기 때문에 가장 많이 이용된다. 이러한 뇌파에는 여러 종류가 있는데 델타파, 쎄타파, 알파파, 베타파, 감마파 등이 있다.

먼저 델타(Delta)파는 주파수 범위가 0~3.5Hz이고 이 신호의 특징은 가장 진폭이 크고 내면 심리를 반영한다는 특징이 있다. 이 뇌파가 측정될 때의 뇌 상태는 깊은 수면 또는 혼수 상태이다.

다음으로 쎄타(Theta)파는 주파수 범위가 3.5~7Hz이고 이 신호의 특징은 진폭이 크고 내면 심리를 반영한다. 이때의 뇌 상태는 기억을 회상하거나 명상 등 조용한 집중 상태이다.

알파(Alpha)파는 주파수 범위가 8~12Hz이고 이 신호의 특징은 진폭이 중간이고 중간 정도의 심리가 반영된다. 이때의 뇌 상태는 휴식 상태의 후두엽에서 주로 발생하고 수면 상태에서는 약해진다는 특징을 가진다.

베타(Beta)파는 주파수 범위가 13~30Hz이고 진폭이 작고 표면 심리를 반영한다는 특징을 가진다. 이때의 뇌 상태는 각성 상태 및 집중적 뇌 활동과 연관되며, 병리적 현상 및 약물 효과와 관련이 있다.

마지막으로 감마(Gamma)파는 주파수 범위가 31~50Hz이고 특징으로는 가장 진폭이 작고 표면 심리를 반영한다. 이때의 뇌 상태는 피질과 피질하 영역들 간의 정보 교환이 일어나고 의식적 각성 상태와 REM 수면 시 꿈에서 나타난다. 이렇듯 뇌파는 알려진 정보도 많고 연구되어 있는 것도 많은 상태이다. 이러한 정보를 바탕으로 BCI 기술은 빠르게 발전할 것으로 기대한다.

뇌파신호 분류	주파수(Hz)	신호의 형태[2]
델타(Delta)파	~3.5	
세타(Theta)파	3.5~7	
알파(Alpha)파	8~12	
베타(Beta)파	13~30	
감마(Gamma)파	31~50	

iv. BCI 구연 기술

그렇다면 어떻게 내가 행동으로 하려고 하는 생각과 머릿속으로 하는 상상을 구분할 수 있는지 어떻게 구분할 수 있을까? 이러한 구분을 위한 BCI는 Active BCI, Reactive BCI, Passive BCI가 있다. 먼저 Active BCI는 상상과 연관된 영역의 뇌에서 뇌파를 분석하여 이 사람이 어떤 생각을 하고 어떤 의도를 가지고 있는지를 파악해서 명령 신호로 바꿔 준다. 이것이 우리가 행동하려는 생각을 읽는 방법이다. 다음으로 Reactive BCI는 외부의 여러 가지 자극 중에 어떤 자극에 집중하고 있다는 것을 알아서 그 자극을 명령으로 바꿔 준다. 예를 들면 사람이 깜빡이는 불빛을 보고 있다고 하면 의식적으로 그것에 집중하고 있고 Reactive BCI는 외부 자극(깜빡이는 불빛)에 의한 신호를 분석하여, 어떤 것을 컨트롤하는 제어 신호로 쓴다. 마지막으로 Passive BCI는 외부 조절에 대한 의지나 외부 자극이 없는 상태에서 뇌 활동을 측정하고 사람의 감정이나 집중력의 정보를 획득하여 명령으로 바꾸는 방법이다.

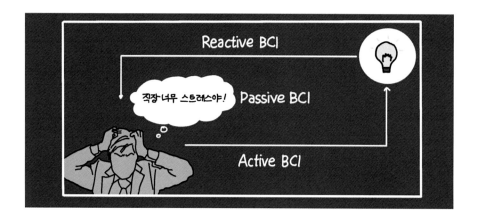

다시 한번 그림과 함께 간단히 정리해 보자면, 우리가 방에 잠을 자기 위해 누웠다고 가정해 보면 주방에 불이 깜빡이는 것을 보게 된다. 이때 우리는 머릿속으로 '불을 꺼야겠다'라고 생각하면 Active BCI는 불을 끄게 하는 것이고 깜빡이는 불에 우리가 신경을 쓰는 것을 Reactive BCI가 인식하게 된다. 이러한 상황에서 깜빡이는 불을 끄는 것과 연관이 없는 오늘 직장에서 받은 스트레스나 상사에 대한 안 좋은 감정들은 Passive BCI가 감지할 수 있다. 이러한 방법으로 컴퓨터가 우리의 생각을 분류하고 행동하려는 신호, 단순 생각, 감정 등을 분류하고 구분할 수 있는 것이다.

BCI의 현재와 미래

현재 BCI 기술은 많은 연구가 진행되고 있는데 손이나 몸을 쓸 수 없는 환자들에게 BCI 기술을 이용하여 음료를 마시거나 물건을 집는 등의 연구가 진행되고 있다. 그리고 최근 브라운 대학교에서 유선으로 뇌파를 측정한 것과 무선으로 뇌파를 측정한 값을 비교해 봤을 때 비슷한 결과를 가져왔다는 것을 확인했다. 이는 현재까지 연구된 BCI는 유선으로 공간적인 제약이 있었지만, 우리가 유선 전화에서 스마트폰으로 바뀌면서 어디서든 통화를 하는 것처럼 BCI도 미래에는 어디서든 사용할 수 있을 것이다.

미래에는 거동이 불편한 환자들도 자동차를 생각만으로 운전하거나 삶을 살아갈 수 있는 시대가 올 수도 있다고 생각한다. 또한 뇌에서 컴퓨터로의 이동이 현재의 BCI 기술이라면 미래에는 컴퓨터의 정보가 인간의 뇌로 이동 방향이 바뀐다면 인간의 지능은 AI(인공지능)와 비슷하거나 현 인류보다는 지능이 더 높아질 수 있지 않을까?

미래에는 이런 좋은 기술로 이용될 수 있을 뿐만 아니라 의료적으로도 사용할 수 있는데 현재 우리가 재활 치료를 하는 이유가 외상이나 선천적인 이유로 사용하지 못하는 근육을 움직여 신경을 자극하는 것이니만큼, 미래에는 파킨슨병[6]이나 치매 등의 치료에 사용할 수 있을 것으로 필자는 기대한다.

- 한재혁 -

---

6) 파킨슨병: 뇌간의 중앙에 존재하는 뇌흑질의 도파민계 신경이 파괴됨으로써 움직임에 장애가 나타나는 질환

세임.
자연과 환경

만물의 영장이라 자칭하는 인간조차, 그 근본은 자연에 있다.
우리는 무엇을 위해 살아왔나

3-1장

식물 요정의 수목원 활동기

3-1장 식물 요정의 수목원 활동기

"식물 요정이에요...?"

대입 면접에서 받은 질문 중 가장 기억에 남는 질문이다. 나의 고등학교 생활 기록부에 친구들 사이에서 식물 요정이라고 불린다는 내용을 보고 하신 질문이다. 사실 친구들은 식물 박사라고 불렀는데 담임 선생님께서 좀 더 예쁘게 적어 주신 게 아닐까 생각이 든다. 나의 식물 사랑은 초등학생 때 멸종 위기 식물을 복원하는 식물학자가 되겠다는 꿈에서부터 시작했다. 고등학생 때는 어떤 과목이든 발표만 시키면 식물과 관련된 주제로 진행했고 대학 생활 내내 할 수 있을 만큼 하고 싶은 대외 활동들을 미리 계획해 두었다. 대학생이 된 지금은 식물의 생태, 원예, 조경, 식물 세밀화 기록 등 여러 분야에 관심을 갖고 공부하고 있다.

그만큼 나는 이 분야를 좋아하고, 이와 관련해서 사람들을 만나며 활동하는 것을 좋아한다. 쉽게 생각하면 식물로 할 수 있는 것은 다 하고 싶은 심보랄까. 그런 나의 인생에 운명처럼 가까운 거리에 국립세종수목원이 개원했다. 지금부터 이 수목원에서 식물 덕후 생명과학과 학부생이 빠져 지낸 이야기를 해 보려고 한다.

국립세종수목원과 첫 만남, 산림청 가든 서포터즈

국립세종수목원에 처음 간 것은 대학교 1학년 때 하고 있던 산림청 가든 서포터즈 활동을 통해서였다. 2020년 초에는 코로나가 시작되어 학교는 물론이고 집 앞 마트도 가기 힘들었다. 그러던 중 전국에서 활동하는 가든 서포터즈들이 권역별로 작게 모여 미뤄지던 발대식을 하기로 하였다. 대학생의 신분으로 처음 해 본 대면 활동이어서 매우 설레는 마음으로 집을 나섰던 기억이 난다. 그때는 2020년 5월로 국립세종수목원이 개원하기 전이었다. 수목원은 아직 마무리 공사를 하고 있었다. 국립세종수목원의 온실은 세 구역으로 나누어져 지중해 온실, 열대 온실, 분기별로 새로운 주제의 식물 전시가 진행되는 특별 전시 온실로 나누어진다. 그중 열대 온실에 들어갔을 때 아직 어수선한 분위기 속에서도 느껴지던 유리 온실의 웅장함과 그 온실을 채우는 식물들의 자태가 가장 기억에 남는다.

▲열대온실의 데크와 키 큰 식물들

그 사이를 누빌 수 있도록 만든 데크 시설 또한 흥미로웠다. 관람 동선에 생긴 단차 덕분에 높은 시선에서 온실을 볼 수 있어 새로운 느낌을 준다. 온실의 전체 모습이 한눈에 들어와 더욱 아름답고, 키가 커서 볼 수 없던 나무를 가까이서 볼 수도 있다.

온실을 관람한 뒤 멘토님과 서포터즈들이 함께 수목원을 한 바퀴 돌며 각 주제원의 의미, 조경 지식에 대한 설명을 들었다. 보통의 수목원은 도심과 꽤 떨어진 곳에 있는 것이 다수이지만, 국립세종수목원은 사람들의 생활권에 가까이 있어서 도보, 자전거, 대중교통을 통해서도 쉽게 방문할 수 있는 도심형 수목원이다. 도심형 수목원이라는 타이틀에 맞게 다양한 프로그램, 전시들이 진행될 것이라는 이야기를 들으며 앞으로의 수목원의 모습에 기대감이 부푼 첫 만남이었다.

식물 DB 구축을 위한 시민 모니터링단

수목원은 식물들을 멋지고 건강하게 전시하는 역할도 있지만 식물을 기록하고 연구하는 중요한 역할을 하고 있다. 개원한 지 얼마 되지 않은 국립세종수목원은 아직 자료들이 부족하여 식물 DB(data base)구축을 위해 국민들을 대상으로 식물 모니터링단을 모집하였다. 모니터링단으로서 주기적으로 표찰과 식물 사진을 찍어 식물의 모습을 기록하고, 수목원에 사진을 기부하게 되었다. 강의가 없는 날이나 주말이면 카메라를 들고 수목원에 가서 식물 사진을 찍었다.

모니터링을 하며 매달 한 번씩은 꼭 수목원에 방문하는 것이 목표였다. 나의 식물 사진들이 수목원의 기록에 남는다는 것도 좋았지만 달마다 바뀌는 식물들의 모습을 보는 것이 즐거웠다. 그 모습이 너무 예쁜 날에는 그때밖에 보지 못한다는 것이 아쉽기도 하고, 곧 만개하거나 열매가 익을 것 같은 때에는 다음 방문이 기대되기도 하였다. 그러다 보니 점차 보고 싶은 식물이 늘어나 수목원에 방문할 때마다 이유가 생겨났다. 2월쯤 추운 겨울에 꽃이 피는 복수초, 3월에 작은 노란 꽃이 주렁주렁 피는 히어리, 국립세종수목원이 주력으로 하는 유전자원이자 수목원의 물길인 청류지원을 따라 5월에 절정인 붓꽃, 계절마다 바뀌는 사계절 꽃길의 원에 식물의 모습을 기대하기도 하며 마치 친구를 만나러 가는 기분으로 각 식물의 모습을 상상하며 수목원에 방문하게 되었다.

▲란타나의 여러 모습

이 사진은 최근 원예 식물로 인기가 많은 란타나(*Lantana camara*)이다. 꽃은 품종에 따라 다르긴 하지만 색이 다양하게 나타난다. 꽃의 색이 일곱 번 바뀐다고 하여 칠변화라는 이름을 가지고 있기도 하다. 꽃을 즐기는 식물로 유명하지만 내가 이 식물을 좋아하게 된 또 다른 이유는 열매이다. 옹기종기 모여 있던 꽃들이 진 자리에 옹골차게 달리는 열매들이 참 귀엽다. 열매가 검은빛으로 익으면 진주 같은 모습이 정원 속의 보석 같기도 하다. 또, 평소에는 초록의 잎을 하지만 가을에는 붉게 물드는 모습도 나름 매력적이다. 하지만 독성이 있어 반려동물이 있는 집에서는 키우는 것을 주의해야 한다.

수목원을 위해 항상 고민하는 서비스 품질 평가단

국립세종수목원의 국민 서비스 품질 평가단은 수목원에서 개선해야 할 점, 새로운 아이디어들을 고안하여 방문 후 보고서를 작성한다. 서비스 품질 평가단 으로 활동하다 보면 지나가는 다른 사람들의 반응에 귀를 기울이게 된다. 새로운 전시의 반응을 살펴보게 되기도 하고, 불평을 늘어놓는 말을 듣게 되면 어떻게 개선하면 좋을지 고민하게 되었다. 식물 전시 상태, 방식뿐만 아니라 주차장, 화장실, 가든샵, 푸드코트 등 편의 시설까지도 고려해 보게 된다. 수목원을 다방면으로 살펴보며 접근하게 되는 정말 재미있는 활동이었다.

이 활동과 관련한 에피소드를 고민해 보니 가장 반응이 뜨거웠던 야간 개장에 대한 이야기를 해 보고 싶다. 평소 수목원은 오후 4~6시면 마감되지만 2022년에 처음 진행된 야간 개장 날에는 저녁 9시까지 수목원을 즐길 수 있었다. 처음에는 여름 동안 진행되었는데 행사 마지막 날에는 수목원 주변 도로가 마비되고 주차장이 만차가 될 정도로 반응이 좋았다. 그래서인지 가을까지 기간이 연장되기도 했다.

▲국립세종수목원의 노을과 밤하늘이 보이는 열대 온실

국립세종수목원의 하이라이트인 사계절 전시 온실에서 유리를 통해 노을이 지는 하늘을 보는 것이 정말 아름다웠다. 해가 완전히 진 뒤에 검은 밤하늘이 보이는 유리온실 속에서는 초록빛 식물들이 더욱 싱그럽게 느껴지는 멋진 시간을 보낼 수 있었다. 야간 개장 때에는 수목원 잔디밭에 큰 스크린을 설치하여 영화를 상영하기도 하고, 마술쇼, 버스킹 등 다양한 문화 행사가 진행되었다.

어두운 밤 수목원의 잔디밭에 앉아 노란 조명 아래에서 버스킹 밴드의 노래를 들을 때 영화 속 파티장에 온 것만 같은 기분이 들었다. 반짝반짝 빛나는 잊지 못할 경험이었다. 그리고 그 와중에도 사람들의 반응을 살피고, 사람이 몰린 수목원의 편의시설 상태를 확인하는 나를 보며 웃음이 났다. 포토존에서 사진을 찍으며 신난 사람들을 보니 괜히 내가 기분이 좋았다. 이런 새로운 시도를 통해 많은 사람에게 수목원의 딱딱한 이미지를 벗어 내고 힐링 되는 즐거운 공간으로 기억되었기를 바란다.

한국수목원정원관리원 국민기자단

이 글을 쓰고 있는 2023년 초 현재, 우리나라에는 네 곳의 국립 수목원이 있다. 먼저 산림청에서 관리하는 광릉숲의 국립수목원, 그리고 국립백두대간수목원, 국립세종수목원, 국립한국자생식물원이 있다. 이 세 곳은 산림청 산하 기관인 한국수목원정원관리원(이하 한수정)에서 관리한다. 한수정은 유전자원을 연구하는 수목원을 운영하고 관리하며, 우리나라의 정원 문화 산업을 이끌어 가고 있는 기관이다.

수목원에 한참 빠져 있었던 그때 한수정의 블로그에 기사를 투고하는 국민 기자단 모집 공고가 올라왔다. 초등학생 때부터 집에서 기르는 앵무새, 과학 실험 등을 주제로 블로그를 계속 운영해 오던 장점을 살려 수목원에 대한 애정을 담아 기자단에 지원하였다. 한국수목원정원관리원의 출범식에서부터 수목원에 새로 생긴 주제원, 전시나 행사, 해설 프로그램에 대한 이야기로 11건의 기사를 작성하였다.

그중에서 가장 기억에 남는 것은 새로 조성된 주제원이었던 폴리네이터 정원에 대한 기사이다. 폴리네이터(pollinator)란 수분 매개자라는 뜻으로 나비나 벌과 같이 수술의 꽃가루가 암술머리에 묻도록 옮겨 주는 수분 과정을 도와주는 생물을 말한다. 폴리네이터 정원은 그런 생물들이 선호하는 식물들을 식재하여 동물들을 불러오고,

살아갈 수 있는 서식처를 제공하는 공간이다. 그래서 폴리네이터 정원에는 꿀이 가득한 밀원식물을 식재하고, 여러 자재의 틈새에서 곤충들이 살아갈 수 있는 곤충 호텔을 둔다. 밀원 식물은 벌에게 꽃꿀과 꽃가루를 제공하는 식물을 말하는데, 예로는 토끼풀, 아까시나무 등이 있다.

▲폴리네이터 가든의 산초나무에 있는 호랑나비 애벌레

　폴리네이터 정원에서 재미있었던 것은 곤충들도 선호하는 식물이 다 다르다는 것이었다. 폴리네이터 정원의 식물 팻말에는 어떤 수분 매개자가 선호하는 식물인지 적혀 있었다. 호랑나비과의 애벌레는 산초나무를 먹고 자라며, 흰나비과의 애벌레는 케일을 좋아하고, 꿩의비름은 붉은점모시나비가 선호한다는 것이다. 그리고 실제로 산초나무 주변에서 호랑나비가 팔랑팔랑 날아다니기도 하고, 통통한 호랑나비 애벌레 몇 마리가 살고 있었다. 야무지게 번데기를 짓고 성충이 되길 기다리고 있는 개체도 있었다. 곤충들은 어떻게 식물을 구별하고, 맛있는 걸 알고 찾아오는 것인지 참으로 신기했다. 폴리네이터 정원은 수목원 식물들의 수분을 책임지는 든든한 일꾼들이 지내는 휴식 장소로, 관계자 외 출입 금지 스티커를 붙여야 할 것만 같은 곳이었다.

수목원의 새들을 확인하는 조류 모니터링

나의 또 다른 취미 중 하나는 새를 보는 것이다. 특별한 곳에 카메라나 쌍안경을 가지고 가서 희귀한 새를 보는 것도 좋지만 등하굣길에 쉽게 볼 수 있는 새들을 맨눈으로 보는 것도 좋다. 그러다 평소 보지 못한 새, 사진으로만 봤던 새를 만나면 같이 새를 좋아하는 선배들한테 달려가 조잘조잘 이야기하는 시간이 즐겁다.

이러한 나를 알아본 선배들의 권유로 우리 학과의 보전복원생태학연구실에서 진행하던 국립세종수목원 조류 모니터링에 함께 하게 되었다. 선배들과 달에 한 번씩 해가 뜨는 이른 아침 시간부터 수목원의 모든 구역을 돌며 어떤 새가 몇 마리 있는지 조사하고 사진을 남기는 것이었다.

▲ 국립세종수목원에서 만난 참새 무리와 물총새

우리는 까치, 참새, 방울새, 직박구리 등의 주변에 흔히 보이는 새들뿐만 아니라 천연기념물 새매까지 총 57종의 새를 보았다. 주변에 있는 산과 강을 오고 가는 길에 수목원을 통과하는 새들도 있었지만 아기새들을 만날 수 있을 정도로 수목원에 자리를 잡고 살아가는 새들도 보였다. 조류 모니터링하며 수목원이 도심 속 생물들의 쉼터, 서식지 역할을 하고 있음을 확인하며 도심 속 생태 공간이 얼마나 중요한지 또 한 번 느끼게 되었다.

국립세종수목원에서 약 2년간 다양한 경험을 해 오면서 여러 식물을 접하고, 수목원과 정원, 식물에 더욱 흥미를 가질 수 있었다. 식물과 정원을 좋아하여 같이 이야기 나눌 수 있고, 항상 조언을 아끼지 않는 선배들을 만나게 된 고마운 공간이 되어 주기도 했다. 이렇게 수목원을 좋아하던 나는 곧 경북 봉화의 국립백두대간수목원에서 지내며 10개월간 이론과 실습 교육을 받는 수목원 전문가 교육 과정을 이수하러 간다. 학교에서 벗어나 성인이 되어 나 홀로 꿈을 펼쳐가는 시작을 함께해준 국립세종수목원, 그리고 그곳에서 만난 인연들과 항상 나를 지지해 주시는 부모님께 감사하며 글을 마친다.

- 초록을 전하는 식물 전문가 꿈나무, 이세은 -

3-2장

지구를 뒤덮은 우주 쓰레기

(c) Image by Freepik

3-2장 지구를 뒤덮은 우주 쓰레기

"땅은 병들었으니, 갈 곳은 하늘뿐이었죠."

이는 영화 '승리호'에 나오는 대사이다. 영화 '승리호'는 2092년 황폐화된 지구를 배경으로 하여, 우주 쓰레기 청소부들의 이야기를 다루었다. 영화 속 주인공들은 우주선을 타고 우주 쓰레기를 수거한 후, 그를 판매하여 생계를 유지한다. 이 영화 속 세계관처럼 오늘날 우리가 마주한 우주 쓰레기들은 마치 자연재해처럼 지구에 있는 인간들에게 직접적인 위협이 되었다. 이러한 영화 속 가정은 결코 먼 일이 아니다. 우리가 살고 있는 이 땅은 병들어 가고 있다. 많은 학자들은 심각한 환경 오염으로 인한 지구의 황폐화를 확신한다. 때문에, 인간이 택할 수 있는 대안으로 우주를 택해야 한다고 주장하는 사람들이 있다. 하지만 전문가들의 예측에 따르면, 우리는 더 이상 우주로 진출하기 어려울 것이라는 전망이다.

ⅰ.우주 쓰레기 현황

우주 쓰레기란 지구 궤도를 돌지만 이용할 수 없는 모든 인공 물체를 말한다. 그 종류로는 주로 수명이 끝난 인공위성, 로켓 부품, 우주선 파편 등이 있다. 우주인이 사용하는 암모니아 탱크 등의 잡동사니도 우주 쓰레기에 포함된다. 우주 쓰레기들은 궤도상에서 서로 부딪히며 더 잘게 쪼개지기도 한다.

1957년 최초의 인공위성 스푸트니크 1호가 발사된 이후로, 많은 나라들이 우주 개척에 참여하였다. 그로 인해 지구의 저궤도에 우주 쓰레기들이 쌓이기 시작하였고, 그 수는 점차 증가하여 인간의 우주 진출을 막기에 이르렀다. 때문에, 우주 쓰레기 문제 해결을 위해 외기권 평화적 이용에 관한 위원회(United Nations Committee on the Peaceful Uses of Outer Space, UN COPUOS)가 법적 구속력은 없지만, 우주 쓰레기 경감 가이드라인을 내놓기도 하였다.

유럽 우주국(European Space Agency, ESA)의 우주 쓰레기 사무소에 따르면 인공위성을 포함한 약 3만 개 이상의 크고 작은 인공 물체가 지구를 공전하고 있다. 그리고 그중 3억 개 이상의 소형 물체들은 총알보다 최대 5배나 빠른 30,000km/h의 속도로 우주를 떠다니며 수류탄 정도의 위력을 발휘하고 있다.

문제는 앞으로 더 많은 인공위성이 발사될 예정이라는 것이다. 미국과 중국 간의 우주 인터넷 구축을 위한 경쟁적인 통신 위성 발사가 계속되고 있으며, 우주 개발 신생국들도 이 흐름에 동참하고 있기 때문이다. 2020년 11월에 국제학술지 네이처에 실린 논문에 따르면, 향후 10년간 최대 10만 개의 새 인공위성이 지구 저궤도로 발사될 것이라고 한다. 이는 현재 저궤도에 있는 위성 개수의 50배에 달하는 엄청난 수이다.

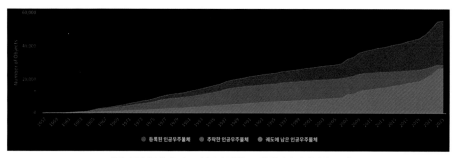

인공 우주 물체의 연도별 증가 현황_우주환경감시기관 (2022)

ⅱ. 우주 쓰레기 처리의 필요성

이러한 우주 쓰레기의 위험성을 최초로 예고한 인물은 1970년대 NASA의 과학자 Donald J. Kessler였다. 도날드 케슬러는 과열된 우주 개발 경쟁으로 인해 큰 문제로 인식되지 않던 우주 쓰레기의 위험성을 처음 지적했다. 그는 지구 저궤도에서 물체의 밀도가 어느 수준을 넘으면 물체 간의 충돌이 도미노 효과를 일으켜 더 이상 인공위성을 발사할 수 없을 것이라는 Kesseler Syndrom 이론을 제시하였다. 1990년대에 충돌의 폭주가 시작되고 2020년에는 거의 모든 인공위성이 부서지게 될 것이라고 경고했지만, 그 당시엔 이 주장이 관심을 받지 못했다.

그리고 2년 뒤, 많은 사람들이 직접적으로 우주 쓰레기에 대한 위협을 느낀 사건이 있었다. 러시아의 한 정보 위성이 캐나다 북서 지역으로 추락하였는데, 그 위성은 원자력으로 작동하는 위성이었다. 방사성 물질이 수백 킬로미터에 흩뿌려질 가능성이 있었기 때문에, 특수 대원들을 동원하여 위성의 잔해를 찾았다고 한다. 당시 정부의 고위 관계자들은 위성 궤도에서 생길 수 있는 위험성을 인식하며 케슬러를 불러 자문하였다. 그리고 4년 뒤, 과학 잡지 '포퓰러 사이언스'가 기사로 케슬러 신드롬을 소개하면서 이 주장이 더욱 널리 퍼지게 되었다.

위에 언급한 우주 쓰레기 추락 위협을 제외하고도, 우주 쓰레기를 처리해야만 하는 다양한 이유가 있다. 먼저, 우주 쓰레기로 이루어진 고리가 만들어지면, 그로 인해 인류가 지구 바깥으로 진출할 수 없다. 특히 문제가 되는 것이 지구 저궤도에 있는 우주 쓰레기들이다. 저궤도에 있는 쓰레기들은 그 수가 많고, 그만큼 많은 충돌로 인하여 더 많은 쓰레기들을 만들었다. 이러한 쓰레기들은 빠르게 지구 궤도를 돌며, 인간의 우주 진출을 위협하고 있다.

또 다른 이유로는 인공위성을 이용하는 GPS 등의 기술 전부가 먹통이 될 수 있다. 2021년 11월 기준 ESA(European Space Agency)의 통계에 따르면, 지금까지 1만8,290기의 우주 발사체와 인공위성이 성공적으로 발사되었고, 현재 약 4,700기의 인공위성이 우주에서 정상적으로 운용되고 있다. 이에 따라 위성 통신, 위성 방송, 위치 측정 데이터 등의 우주 관련 산업이 급속도로 성장하였으며, OECD는 우주 산업이 이미 세계 경제의 중요한 부분을 구성하고 있다고 인지하여 독립된 '우주 경제'라는 개념을 공식화하였다. 2020년 세계 우주경제의 규모는 약 4470억 달러로 사상 최고치를 기록하였다.

이처럼 우주 기술은 이미 인간의 생활에 큰 부분을 차지하고 있기 때문에, 우주 기술이 먹통이 된다는 것은 우리 생활의 많은 부분이 무너져 내릴 것임을 의미한다.

iii. 우주 쓰레기 처리 방법

지금 이 순간에도 우주 쓰레기를 처리하기 위한 여러 가지 방법이 세계 각국에서 활발히 연구되는 중이다. 실제로 ESA(European Space Agency)는 스위스 스타트업 클리어 스페이스가 개발한 로봇을 이용하여 머지않은 미래인 2025년에 우주 쓰레기 수거 로봇을 발사할 계획이다. 우주 쓰레기 처리에는 막대한 비용이 들기 때문에, 비용을 절감할 수 있고 실제로 활용될 수 있는 기술이 필요하다. 우주 쓰레기 처리 방법은 정말 다양한 방법이 있는데, 크게는 우주 물체가 수명이나 용도가 다했을 때 스스로가 폐기하는 PMD(Post-Mission Disposal) 방식과 다른 주체가 우주 쓰레기를 처리하는 ADR(Active Debris Removal) 방식으로 나눌 수 있다.

I. PMD(Post-Mission Disposal) 기술

PMD 기술은 기본적으로 임무 종료 시점에 맞추어 우주 물체가 에너지를 사용하여 스스로 궤도 이탈을 하도록 만드는 것이다. 이 기술은 현재 지구 궤도를 돌고 있는 우주 쓰레기를 처리하는 것은 어렵다는 단점이 있지만, 앞으로의 우주 쓰레기 발생을 예방하기에 좋은 기술이다. 가장 간단한 방법은 남긴 연료를 에너지로 사용하는 것인데, 이 에너지를 얻는 방법이 다양하다. 연료를 남기는 이외의 방법으로는 드래그세일(Drag Sail), 리튬이온 배터리 디오비터(Lithium-ion Battery Deorbiter) 등이 있다.

① 드래그세일(Drag Sail)

'드래그세일'이란 미 퍼듀대 연구진이 구상한 얇은 사각형의 막을 우주 공간에서 돛처럼 펼칠 수 있는 우주선을 말한다. 이 우주선은 돛에 부딪히는 태양광과 태양풍을 제어 장치로 사용할 에너지로 활용한다. 이 돛을 통해 우주 쓰레기의 빠른 회전 속도를 늦춰 대기권에 진입하는 시간을 더 앞당긴다. 현재 연구진이 개발 중인 드래그세일의 정식 명칭은 '스피너커3(Spinnaker3)'이다. 이를 우주선이나 위성 등에 미리 탑재할 때 돛이 차지하는 부피는 작은 상자 크기 정도이다. 그러나 그것을 활짝 펼치면 면적이 18제곱미터인 넓은 돛으로 변신한다.

스피너커가 돛을 펼친 모습_퍼듀대학교

② 리튬이온 배터리 디오비터(Lithium-ion Battery Deorbiter)

미 항공우주국 과학자들은 리튬이온 배터리 디오비터, 줄여서 '립도(LiBDO)'라는 이름을 가진 우주 쓰레기 처리 기술을 개발하고 있다. 이 기술은 리튬이온 배터리의 열 폭주를 이용한 것으로, 우주 물체의 수명이 다하면 내장된 배터리가 열 폭주 상태로 변해 점화되고, 이때 나오는 에너지를 추력으로 삼아 궤도에서 이탈시킨다. 열 폭주란 외부 충격, 설계 오류 등 어떤 원인에 의해 생긴 온도 변화가 그 온도 변화를 더욱 가속시키는 방향으로 변화시키는 연쇄 반응을 말한다. 즉, 열 폭주는 일종의 통제 불가능한 양성 피드백이다. 휴대폰 폭발이나 전기차 화재 사고 등, 열 폭주는 본래 부정적인 의미로 사용되었다.

그러나 립도 기술은 이러한 리튬이온 배터리의 취약점을 이용한다. 열 폭주를 정교하게 제어하여, 이를 통해 만들어진 뜨거운 기체를 좁은 노즐로 통과시키면 궤도 이탈을 위한 에너지가 만들어진다. NASA(National Aeronautics and Space Administration)에 따르면 이 에너지는 상용 고체 로켓 모터에 비견할 만한 추력 효율을 지닌다고 한다.

립도 기술의 궤도이탈 방식_NASA

Ⅱ. ADR(Active Debris Removal) 기술

ADR 기술은 다른 기구를 이용하여 우주 쓰레기를 제거하는 방식이다. 자체적으로 제거하는 것이 아니므로 기술적인 난이도와 비용이 높다. 주로 그물이나 밧줄, 작살 등으로 포획하여 견인하는 방식을 사용한다. 많은 스타트업들이 우주 쓰레기 처리 시장에 뛰어든 만큼, ADR 기술의 종류는 작살, 그물, 레이저 등 매우 다양하다.

① 로봇 팔

유럽 우주국(ESA)은 정지 궤도에서 고장 난 위성을 잡아 수리하기 위한 GSV(Geo-stationary Servicing Vehicle) 프로그램으로 1990년에 OSAM(On-Orbit Servicing, Assembly, and Manufacturing) 프로젝트를 시험 가동하기 시작했다. 그중 1993년 12월 수행된 허블 우주 망원경 광학 수리는 가장 성공적인 OSAM 임무 중 하나로 평가받고 있다. ESA는 2025년 청소 위성을 발사하여 로봇 팔을 이용해 우주 쓰레기를 수거한 다음, 그를 대기권에 돌입시키는 방법을 이용할 계획이다.

그 밖에도 다양한 기관에서 OSAM 임무를 수행하고 있는데, 중국의 SJ-21 위성도 마찬가지이다. 2021년 1월, 중국의 SJ-21 위성이 수명이 다한 위성을 묘지 궤도에 던지는 것이 포착되었다. 묘지 궤도는 임무가 끝난 인공위성이 다른 인공위성들과의 충돌을 방지하기 위해서 남은 추진제를 써서 이동하는 궤도를 의미한다. 우주 쓰레기들이 이곳에 던져지면 활동 중인 인공위성들과 부딪힐 확률이 낮으며 다시 대기권에 재돌입시켜서 쓰레기를 처리하는 것보다 훨씬 더 효과적이기에 우주 쓰레기의 제거에 관한 최선의 방법 중 하나로 여겨지고 있다.

유럽 우주국의 첫 우주 쓰레기 제거 미션의 상상도_ESA

② 그 외의 다양한 방법들

우주 쓰레기 처리 시장의 주목으로 여러 나라의 기업에서 다양한 우주 쓰레기 처리 기술을 개발하고 있다. 현재 주목받고 있는 기술 중 하나는 러시아 스타트업 '스타트로켓'이 개발 중인 '폴리머폼'이라는 일종의 끈끈이를 이용한 방법이다. 기슬의 이름은 '폼 브레이커스 캐처(Foam Breakes Catcher)'이다. 이 위성은 우주 쓰레기가 모여 있는 곳에 끈적끈적한 폴리머폼이라는 폴리머 거품을 거미줄처럼 방출한다. 그리고 그곳에 쓰레기가 붙게 하여 한꺼번에 포집한 후, 이를 대기권으로 떨어뜨리는 방식을 사용한다.

이미 실행 중인 방법으로는 영국 서리대와 에어버스가 진행한 '리무브 데브리스(RemoveDebris)'라는 프로젝트가 있다. 이 위성은 그물로 쓰레기를 포획하는 방법을 선택하였다. 실제로 실험을 진행하여 목표물 포획에는 성공했지만, 그물과 위성 사이의 거리가 너무 멀어 처리하는 데는 실패하였다. 현재는 이를 개선하여 작살로 포획하는 방법을 시도 중이다.

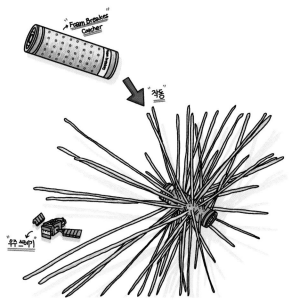

일종의 끈끈이를 이용해 거미줄처럼 쏴 우주 쓰레기를 포집하는 방식
_StartRocket

iv. 마치며

오늘날에 이르러 항공 우주 시장은 급격하게 성장하고 있으며, 우주 쓰레기 처리를 위한 수많은 기술이 개발되고 있다. 그런데도 우주 쓰레기는 왜 나날이 늘어가고, 처음 제기된 지 수십 년이 지난 오늘날까지도 이러한 문제가 해소될 기미가 보이지 않는가? 그 이유는 우주 쓰레기 기술 개발에 드는 막대한 비용에 있다. 물론 경제성이 없거나 매우 낮다는 점은 거의 모든 환경 문제의 공통적인 특성이다. 환경을 위한 기술은 돈 대신 인류의 미래와 지속 가능한 성장에 더 큰 가치를 둔 기술이라고 말할 수 있는데, 같은 환경을 위한 기술이더라도 특히 우주에 관련된 기술에는 천문학적 비용이 든다.

그래서 미국 미들베리칼리지 경제학과, 콜로라도 볼더대 환경과학융합연구소, 경제학과 공동 연구팀은 이 막대한 비용을 해결하기 위한 방법으로 '궤도 사용료'라는 개념을 제시하였다. 미국 국립과학원에서 발행하는 국제 학술지 'PNAS'에서 이에 관한 연구 결과를 발견할 수 있다. 이 연구진들은 우주 쓰레기 처리를 위한 해법들은 우주에 진출하려는 나라나 기업들에 직접적 이득을 주지 못하기 때문에 실현 가능한 해법이 나오기 어렵다고 지적하였다. 그렇기 때문에 연구진은 최선의 해법이 돈과 연관시키는 것이라고 생각하였고, 궤도 사용료라는 방법을 내놓았다. 이 연구팀은 구체적인 궤도 사용료로 위성 1기당 여간 1만 4900달러라는 비용과 매년 14%의 사용료를 인상할 것을 제시하였다.

나 또한 우주 쓰레기 문제를 해결하기 위한 방법으로 무엇이 있을지 생각해 보았다. 우주 쓰레기 처리는 환경적 문제가 결합되어 있기 때문에 다른 환경 문제처럼 강제성을 부여할 필요가 있다고 느꼈다. 그 강제성을 부여하는 방법으로 국제 협약을 생각하였는데, 국제 협약을 통해 비용적인 문제를 해결하려면 어딘가에서 돈을 부과해야 한다는 생각이 들었다. 먼저, 우주 선진국들이 우주 쓰레기에 대한 1차적인 책임을 갖는다. 그 국가들에게 가장 많은 비용을 부과하기 위해서는 궤도 사용료를 도입하는 것이 가장 좋은 선택이라고 생각한다.

　그렇다면 이 문제는 국제적인 협약이 필요하므로 관심을 갖지 않아도 되는 문제냐 묻는다면, 절대 그렇지 않다고 대답할 수 있다. 그래비티, 승리호 등의 SF 영화를 비롯한 다양한 매체들에서 우주 쓰레기 문제를 제시하는 이유가 무엇일까? 단순히 그 주제가 마음에 들어서일 수도 있지만, 이 문제를 해결하기 위해서는 많은 사람들이 이 문제에 경각심을 가지고 이를 해결할 방법을 촉구하는 것이 필요하기 때문이다. 우리가 이 문제에 대한 관심이 없다면 국제 협약을 통해 궤도 사용료를 부과할 수 있을까? 우리는 앞으로의 미래를 위한 다양한 환경 문제에 관심을 가져야 한다. 그리고 당장 눈앞에는 보이지 않지만, 미래에 더 큰 영향을 끼칠 우주 쓰레기 문제 또한 그러한 환경 문제 중 하나이다. 세상을 바꾸는 것의 시작은 관심을 갖는 것이다. 우리의 관심이 있다면 골치 아픈 우주 쓰레기 문제도 충분히 해결할 수 있다.

- 허예지-

3-3장

내가 가진 가장 빛나는 보석은 뭘까?

사진 3-1 다이아몬드 선별 작업

사진 3-2 다이아몬드 광산

다이아몬드 광산이
이렇게 크구나...

다이아몬드, 진주, 산호, 수정,
아쿠아마린, 오팔, 루비 등
다양한 보석에 대해
자세히 알게 된 것 같아서
기쁜걸...

보석들을 알고 나니
더 가지고 싶어졌어!

고대로부터 우리 인류는 아름다움을 뽐내기 위해 다양한 보석들이 박힌 장신구로 몸을 치장했다. 하지만 우리는 이런 아름다운 보석들이 어떤 명칭을 갖는 보석인지, 어떻게 자연에서 만들어지고 어떤 과정을 거쳐서 우리의 손에 오는지 잘 알지 못한다. 그리하여 다양한 보석들의 종류와 형성되는 과정, 우리에게 오기까지의 과정에 대해서 자세히 얘기해 보고자 한다.

ⅰ. 보석의 의미와 가치

보석이 무엇인지 생각해 본다면 아름다운 색을 지니고 광택이 나는 것이라고 할 수 있다. 여기서 '것'이라는 것을 광물로 바꾸어 준다면 보석의 정확한 정의가 된다. 조금 더 구체적인 정의를 덧붙인다면 굴절률이 크다는 점이다. 광물은 자연에서 산출되는 균질한 결정질 형태의 고체이다. 현대의 보석은 광물은 약 4,000개 정도 알려져 있는데 이 중 50여 종만이 보석에 해당한다.

보석의 의미는 시대가 변화하면서 뜻이 달라졌다. 고대인들은 주술을 목적으로 보석을 가지고 다녔으며 화석, 조개껍데기, 짐승의 뼈 등이 최고의 보석으로 여겼다. 청동기 시대에는 금이나 은과 같은 귀금속이 발견되어 보석의 의미가 넓혀졌다.

보석은 희소성, 전통성, 견고성, 아름다움, 휴대성이 있어야 한다. 이를 모두 충족시키면 '보석 광물'이라고 한다. 한마디로 너무 아름답지만 단단하지 않다면 아름다움을 보존하지 못하므로 보석이라고 칭할 수 없다는 것이다.

보석은 아름답고, 누구나 소유할 수 없는 가치인 희소성을 갖고, 경도와 인성이 커서 긁힘에 단단한 견고성, 보석 광물로서 가치를 인정받기 위하여 예전부터 선호되어 온 전통성, 장신구로 몸에 가볍게 지닐 수 있는 휴대성을 갖는다.

필자는 보석의 종류에는 무엇이 있는지 떠올려 본다면 가장 먼저 다이아몬드가 생각난다. 다이아몬드는 보석의 정의에 가장 부합한 보석이라고 생각하기 때문이다. 지금부터는 많은 이들이 소유하고 싶어 하는 다이아몬드에 대해서 먼저 알아보고자 한다.

ⅱ.다이아몬드

Ⅰ. 다이아몬드의 구성과 형성 과정

다이아몬드는 B.C 4세기 무렵에 인도에서 처음으로 발견되었다. 그 당시에는 다이아몬드의 아름다움보다는 마력이 중요시 여겨져 무사들이 전쟁터에 나갈 때 착용하며 다치지 않길 바랐다. 18세기에는 많은 사람이 다이아몬드를 갖고 싶어 하다 보니 새로운 다이아몬드 광산의 발견에 따라서 수요에 따른 공급이 가능해지면서 오늘날에는 결혼반지, 절삭 공구, 반도체, 연마제 등을 만드는 데 사용되고 있다. 이처럼 다양하게 활용되는 다이아몬드는 단단함이 지상에서 제일 강한 경도 10에 해당한다. 단단한 다이아몬드는 무엇으로 구성되어 있는지 알아보자.

놀랍게도 다이아몬드는 우리가 아는 탄소로 구성되어 있다. 지구 온난화와 함께 얘기 나오는 그 '탄소'가 맞다. 다이아몬드는 탄소(C) 99.95~99.98%로 구성되어 있고 나머지 부분은 불순물이 0.02~0.05%를 채워 다이아몬드의 색이 변한다. 예를 들면 불순물로 질소가 포함되어 있으면 노란색 다이아몬드, 붕소가 포함되어 있으면 블루 다이아몬드가 된다.

지구상에 널려 있는 탄소로 만들어진 것에는 다이아몬드 외에 흑연이 있다. 탄소는 동소체로 존재한다. '동소체'는 구조와 성질이 다르지만 같은 화학 원소를 말한다. 흑연, 다이아몬드, 그래핀 등은 모두 동소체라고 할 수 있다.

이 중에서 연필심으로 사용되는 흑연은 다이아몬드와 달리 단단한 정도가 약하여 쉽게 손으로도 부서진다. 이 둘은 탄소로 구성되어 있는데 왜 이렇게 다른 단단한 정도를 가질까? 그 이유는 탄소의 원자 배열이 다르기 때문이다. 다이아몬드는 4개의 다른 탄소 원자가 정사면체 형태로 각 하나의 탄소 원자와 결합한 구조로 반복된 형태를 띤다. 하지만 흑연은 3개의 탄소 원자와 결합해 육각형을 이루며 얇은 판 구조를 가진다. 흑연의 얇은 판과 판 사이의 결합이 매우 약하여 잘 부서지는 것이다.

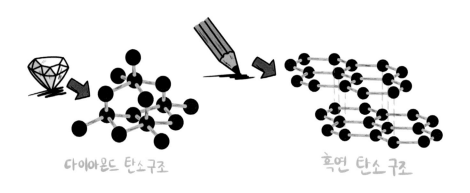

다이아몬드 탄소구조   흑연 탄소 구조

그럼 이렇게 단단한 다이아몬드가 자연상에서 어떻게 만들어질까? 다이아몬드는 10억 년 이상의 긴 세월에 걸쳐 최소 지하 200km 위치의 맨틀에서 만들어진다. 다이아몬드가 형성되기 위한 적절한 온도와 압력을 가진 크레이톤의 하단에서는 탄소 원자들이 강하게 결합하여 킴벌라이트(Kimberlite)나 램프로아이트(Lamproite) 등의 암석에 포함되어 있다. 지하 300~2,900km에 달하는 맨틀에 있던 탄소 덩어리는 액체 상태로 흩어져 있다가 지구 내부의 약 900~1,300도의 높은 열과 45,000~60,000 대 기압의 높은 압력을 받으면 다이아몬드의 원자 결합 구조로 변하게 된다. 이때 맨틀까지 이어진 마그마가 위로 솟아오르거나, 거대한 지반이 위로 융기하는 과정에서 지표로 올라오게 된다. 이러한 조산 운동이 느리게 발생하면 다이아몬드는 원자 배열 구조가 바뀌어 앞에서 말한 흑연으로 변하게 된다.

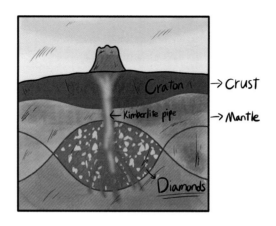

II. 다이아몬드가 우리의 손에 오기까지

앞에서 설명한 것처럼 다이아몬드는 적절한 깊이, 온도, 압력에서 어렵게 형성된다. 이런 다이아몬드가 우리에게 오는 과정 또한 복잡하다.

1차 광상과 2차 광상을 통해 다이아몬드는 모습을 드러낸다. 1차 광상은 다이아몬드가 킴벌라이트 파이프를 통해 지각 운동을 겪어 밖으로 분출되어 지표면에서 발견되는 광상을 말한다. 1차 광상에서 떨어진 곳에서 발견되는 것을 2차 광상이라고 한다. 1차 광상은 풍화와 침식 등의 환경적인 요인에 의해 쉽게 원석이 부서져 강이나 해안에 운반되고 나머지 원석들은 파이프 속이나 화산 분화구에 남는다. 화산이 폭발하여 지표 위로 드러난 다이아몬드는 침식 작용을 겪어 강이나 해안으로 내려와 충적 광상을 형성하기도 한다. 충적 광상에서는 1차 광상에서보다 좋은 품질의 다이아몬드를 얻을 수 있다.

1차 광상에서는 원형을 이루며 중심부로 갈수록 점점 깊어지는 형태로 층들이 나선형으로 이루어진 형태인 킴벌라이트 파이프가 있다. 2차 광상은 풍화 및 침식작용을 거친 후이기 때문에 분쇄 과정을 거치지 않아 적은 채굴 비용으로 높은 품질의 다이아몬드를 채굴할 수 있다. 흙탕물에 들어가 사금을 채취하는 사진이나 영상을 본 적이 있을 것이다. 다이아몬드도 이처럼 광부들이 큰 양동이와 체를 가지고 흔들어 가며 크고 무거운 돌만 체에 걸러 내어 다이아몬드를 가려내 간다. 다이아몬드를 가려낸 후에는 어떻게 다이아몬드를 절단할지 계획한다. 최대한 경제적인 관점에서 분석하기 위해 스캐닝 장치를 통하여 3차원 컴퓨터 모델로 최고의 방법을 찾아낸다. 두 번째로는 Cleaving과 Sawing 방법을 이용하여 불규칙한 부분이나 불순물이 있는 부분을 제거하여 없앤다. 세 번째로는 다이아몬드를 둥그렇게 만드는 작업을 위해 Bruting을 거친다. 네 번째로는 보석하면 떠오르는 광택 작업 Polishing이 시작된다. 이 단계에서는 다이아몬드의 기본적인 대칭을 맞추며 가치를 높일 수 있는 단계이다. 마지막으로는 다이아몬드의 가치 기준인 4C 즉, 크기, 색깔, 투명도, 커팅 정도를 판단하고 판매하게 된다.

다이아몬드는 복잡한 형성 과정과 우리의 손에 오기까지 여러 번 다듬어져서 오게 된다. 다이아몬드를 구성하는 탄소는 원자 번호 6번의 원소이다. 탄소는 우주에서 수소(H), 헬륨(He), 산소(O) 다음으로 큰 질량을 차지한다. 또 인체 무게의 약 18.5%를 차지하는 엄청난 원소이다. 어떻게 보면 우리의 몸은 다이아몬드와 18.5%의 공통점이 있는 것이다. 다이아몬드가 값비싸게 여겨지는 것처럼 우리가 평소에 건강할 수 있음에 감사하고 자기 인체를 값지고 소중히 여기면 좋겠다는 필자의 생각이다.

iii. 유기질 보석과 무기질 보석

앞에서 다이아몬드에 대해 자세하게 알아보았다. 보석은 크게 유기질 보석과 무기질 보석으로 나눌 수 있다. 유기질 보석은 광물이 아닌 생물로부터 형성되는 보석으로 진주, 산호, 호박 등이 있다. 유기질 보석을 제외하면 무기질 보석이라고 할 수 있다. 무기질 보석은 무생물로부터 형성된 보석으로 광물 보석으로 앞에서 알아본 다이아몬드가 이에 해당한다. 지금부터는 유기질 보석과 무기질 보석에 대해 함께 알아보자.

Ⅰ. 하양고 둥그런 작은 천연 진주의 형성

필자는 예전에 집에서 전복구이를 해 먹다가 진주를 발견한 적 있다. 천연 진주는 처음 전복에서 채취되었는데 1,000~2,000마리를 죽여도 발견하기 어려워 양식 기술이 개발되었다. 그러니 나는 엄청난 확률로 천연 진주를 발견한 것이라고 할 수 있겠다.

천연 진주는 조개 속에 이물질이 들어와서 조개 물질과 결합해서 만들어진다. 자세히 말하자면 전복, 굴 등 어패류는 입수관을 통해 물을 빨아들이고 물속 유기물을 걸러 내어 섭취하고 남은 물은 출수관을 통해 배출시키는 과정을 통해 살아간다.

이때 제대로 불순물을 걸러내지 못하여 벌레의 알이나 모래와 같은 이물질 즉, '핵'이 몸에 들어가면 조개는 자기 몸을 보호하면서 껍질의 강도를 높이기 위해 탄산칼슘과 콘치올린 복합체인 단백질을 분비하게 된다. 그러면 불순물을 중심으로 탄산칼슘의 결정이 층층이 쌓여 진주층을 형성하여 진주가 만들어진다. 이 층은 성장하는 속도가 느릴수록 작은 입자들로 구성되어 더 치밀한 구조를 갖게 된다. 천연 진주의 진주층을 구성하는 한 층의 두께는 0.4μm로 매우 얇다.

반면, 양식 진주는 인공적으로 이물질을 넣어 만들어진 진주로 이물질이 대단히 크고 겉면만 탄산 칼슘과 콘치올린이 둘러싸여 있어 덜 동그란 모습을 띤다. 진주가 형성되는 과정을 인간에게 비유해 보자면 아마 눈에 들어오는 이물질과 눈물이 합쳐져 만들어지는 눈곱과 코에 들어오는 이물질과 콧물이 합쳐져 만들어지는 코딱지와 같다고 할 수 있다. 눈곱과 코딱지에 우리는 별 관심이 없지만, 외부의 침투를 막기 위해 만들어진 것으로 생각하면 진주처럼 특별하다고 생각한다.

II. 바다의 보석, 식물 같은 동물 산호의 형성

산호(Coral)는 식물처럼 보이지만 동물이다. 산호수를 형성하는 강장동물인 산호충이 바닷속에서 나뭇가지 형태로 성장하며 군체를 이루고 있다가 죽어서 산호를 형성하는 것이다. 산호충은 주로 열대나 아열대 바다에 서식한다. 산호의 성장 속도는 느리지만 그 과정에서 이산화 탄소와 중탄산염, 칼슘 등을 내뿜으며, 조직이 치밀한 것으로 제작되어 특유의 붉은빛이 돋보이는 보석이다.

우리나라에서는 붉은색 산호를 선호하지만, 색이 다양하여 유럽에서는 투명감이 있는 밝은 분홍색의 산호가 인기가 많다. 붉은 산호는 수심 100~2,000m에서 채취되고, 핑크 산호는 수심 150~ 350m에서 채취되는데 채취량이 적다. 이 외에도 백색 산호, 흑산호 등 다양하게 있다. 흑산호는 우리나라의 제주도 근해에서도 채취가 되었으며 과산화 수소수를 바르면 표면이 노랗게 변해서 황금 산호가 된다.

천연 산호의 주성분은 CaCO3이고, 방해석 결정 구조를 가진다. 산호는 단단한 정도가 매우 약하여 쉽게 긁히고 마모될 수 있으며 열에도 약하여 보관할 때 다른 보석과 분리하여 보관해야 한다.

이렇게 아름다운 산호는 산호초로 길고 넓게 형성되어 분포하면서 태풍이나 쓰나미를 막아 주는 역할을 하며 인간에게 여러모로 도움을 많이 준다. 우리도 바다의 생물과 동물에 해를 끼치지 않는 선에서 보석을 얻고, 자연의 방파제를 잘 활용할 수 있길 바란다.

Ⅲ. 음식 호박? 아니~ 보석 호박!

호박하면 다들 음식의 호박을 떠올릴 것이다. 조금만 더 생각한다면 보석의 호박도 떠오를 수 있다. 보석의 호박은 호박처럼 노란색과 주황색, 갈색이 오묘하게 섞여 있는 황갈색을 띤다. 호박은 탄소와 수소가 주성분이고 주로 퇴적암에서 발견된다.

호박은 약 3,000만 년 전인 신생대에 번성했던 나무에서 나오는 송진이 땅에 떨어진 상태로 묻혀 고온 고압 상태에서 분자가 중합화 과정을 거쳐 형성된 것으로, 괴상 덩어리로 산출된다. 나무가 상처를 입거나 외부로부터 공격받으면 나무는 자신을 보호하기 위해 송진을 흘려보내고 송진이 불안정한 것을 코펄이라고 한다. 코펄이 성숙해지면 호박이 되는 것이다.

지속적인 고온 고압이 최소 1,000년 정도 받아야 형성되는 호박의 값은 비싸게 매겨지고, 호박에 곤충이 들어갈 때는 값이 더 비싸게 매겨진다. 호박은 바닷물보다 가벼워 해안가의 바위에 붙어 있다가 떨어져 나와 바닷가로 밀려와 쌓여 사람이 그물로 건져 내 채취되었다. 고생물학자에게 호박은 과거의 시간을 알 수 있기에 역사의 기록물로 여겨지며 다른 보석들보다 값지게 여겨졌을 것이다.

iv. 페그마타이트에서의 다양한 보석

대부분 보석은 페그마타이트라고 불리는 화성암에서 형성된다. 화성암은 뜨거운 마그마나 용암이 식거나 굳어서 만들어진 암석을 말한다. 화성암은 형성된 위치에 따라 화산암과 심성암으로 분류된다. 이 중에서 마그마가 땅속 깊은 곳에서 천천히 냉각되어 만들어져 육안으로 식별이 가능할 정도의 큰 광물 결정이 형성되는 심성암에 페그마타이트 암석이 포함된다. 페그마타이트는 수증기 압력이 높은 상태에서 만들어져 큰 광물 결정들로 구성되어 있다. 페그마타이트에서는 수정, 아쿠아마린 등의 보석이 산출된다. 페그마타이트에서 산출되는 보석들에 대해 알아보자.

Ⅰ. 수정

우리는 수정이란 말보다 크리스털로 더 자주 들어 보았을 것이다. 수정은 자연계에서 산출되는 흔한 광물로, 석영이 큰 결정으로 나타나는 것을 수정이라고 불린다. 수정은 앞서 설명한 것처럼 페그마타이트에서 산출되지만 열수 용액으로부터 산출되기도 한다. 암석들 사이를 흐르는 지하수가 심부에 있는 마그마로부터 뜨거운 열을 받는 것을 열수라고 한다. 열수가 주변의 암석을 오랫동안 흐르지 않게 하면 주변 암체에 있는 원소들은 용해된다.

이때, 용해 물질이 암석 내에 발달한 단층이나 균열대를 채우면서 온도가 낮아지면 용해도가 감소하여 용해 물질 대부분을 광물로 산출하게 되는데 이때 수정이 만들어지는 것이다. 쉽게 말하면 광물이 녹아 있는 뜨거운 용액이 균열대에서 냉각되어 형성되는 것이다. 이렇게 형성되는 수정 내에 미량 원소와 구조적으로 격자 결함이 생기면 다양한 색의 수정이 만들어진다.

예를 들면 자주색 빛을 띠면 자수정, 빨간색 또는 분홍색을 띠면 장미 수정, 결정 내에 유체 포유물이 있어 하얀색을 띠면 유수정이라고 한다. 이 외에도 연수정, 황수정 등이 있다. 필자는 연한 분홍색을 띠는 장미 수정을 좋아한다. 독자들은 어떠한 수정이 마음에 드는지 생각해 보면 좋을 것 같다.

II. 희망과 건강을 상징하는 아쿠아마린

아쿠아마린은 Aqua+Marine의 합성어로 바닷물을 의미하며 푸른색을 띤다. 녹주석의 일종으로, 화강암질 페그마타이트에서 산출된다. 페그마타이트는 풍화, 침식 및 운반되어 하천 바닥에 퇴적되면 사력 광상을 형성하는데 주로 이곳에서 아쿠아마린이 산출된다. 아쿠아마린은 희귀한 금속이 함유되어 푸른색을 띠며 주로 기다란 육방정계의 결정으로 산출된다. 푸른 정도가 진할수록 가치가 높아지고 경도가 7.5~8.0으로 단단하여 흠이 없으며 투명하다.

영원한 젊음과 행복을 상징하면서 희망과 건강을 갖게 하는 뜻을 가진 아쿠아마린은 브라질 산타마리아 광산에서 주로 산출되지만 현재는 거의 고갈 상태에 이르렀다. 자원은 보충되는 속도보다 빠르게 소비되고 있기에 미래에도 인간이 존속할 가능성을 파괴하지 않는 선에서 산출해야 한다고 필자는 생각한다.

III. 화려한 색의 조합, 오팔

오팔은 다양한 색상이 조합된 화려한 보석이라고 칭할 수 있다. 오팔은 액화 상태의 규소가 퇴적암 균열 사이를 흐르는 지하수나 지표수와 만나 씻어내듯 축적되면서 물이 증발하여 굳어져서 형성된다. 굳어져 형성되지만, 오팔 자체는 5~20%의 물을 함유하고 있으므로 시간이 지나면 건조되어 부서지기 쉬울 정도의 경도를 갖게 된다. 또 지표 가까이 흐르는 지하수나 빗물 등이 주변 암체를 구성하고 있는 원소를 용해해 형성되기도 한다.

오팔은 미세한 규소의 입자들이 층상 배열을 하고 있다. 그 층들에 의해 빛의 간섭과 회절이 일어나 다양한 색을 띠게 되는 것인데 규소의 입자들의 크기가 일정하지 않고 불규칙한 경우에는 뿌옇게 보인다.

Ⅴ. 커런덤에 속하는 루비와 사파이어

커런덤은 산화 알루미늄으로 이루어진 산화 광물을 뜻한다. 일반적으로 철, 티타늄, 바나듐 및 크롬을 포함한다. 자연적으로는 투명하지만, 결정 구조에서 전이 금속 불순물의 존재에 따라 색이 달라지고 색에 따라 이름이 붙여진다. 루비 외의 보석은 사파이어라고 부르고 색에 따라서 사파이어 앞에 색명을 붙여서 부른다. 먼저 루비에 대해 알아보자.

Ⅰ. 세계 4대 보석, 루비

루비는 세계 4대 보석으로 꼽히는 아름다운 보석이다. 변성암이나 규산이 결핍된 화성암에서 주로 산출된다. 그리고 셰일이 동력 변성 작용을 받아 압력이 커져 편암 또는 편마암으로 변하였을 때 형성되어 산출되기도 한다. 루비는 균열이 있고 내포물이 있어서 큰 원석까지 크기는 어렵다는 특징을 가진다. 우리가 아는 루비의 색은 주로 적색 또는 자적색으로 알고 있을 것이다. 이 색의 선명도가 높을수록 평가가 좋아진다.

루비는 지구에서 희귀 원소인 크롬(Cr)이 포함되어 붉은색을 띤다. 크롬이 많을수록 빨간색이 진해지는데 너무 많아지면 검게 변해 버려 보석으로서의 가치가 떨어지게 된다. 루비는 경도가 9로, 다이아몬드 다음으로 긁힘에 강하다. 그리고 충격에 견디는 힘도 강하여 몸에 지니고 다닐 때 별다른 주의가 필요 없다.

Ⅱ. 사파이어

사파이어의 대표 색상은 블루이다. 블루 사파이어는 티타늄(Ti)과 철 성분(Fe) 때문에 푸르게 보이는 것이다. 사파이어는 습곡 산맥을 이루는 지대인 조산대의 지하 깊은 곳에서 부분 용융에 의해 생성된 규소가 적은 현무암질 마그마가 분화되어 분출될 때 급격히 온도가 감소해서 형성된다. 그리고 오랜 시간 동안 풍화와 침식 작용을 거치면서 퇴적되어 광상을 형성한다.

위에서 간단히 설명한 것처럼 색상에 따라 사파이어는 다르게 불린다. 대표 색상인 블루 사파이어를 제외한 색의 사파이어는 '팬시 사파이어'라고 불린다. 핑크색을 띠면 핑크 사파이어, 황색을 띠면 옐로 사파이어, 자색을 띠면 바이올렛 사파이어 등으로 불린다.

ⅵ. 금

금은 고대부터 화폐, 재산 축적 수단으로 쓰이면서 각종 장신구나 예술품을 만드는 데 사용됐다. 오늘날에는 전자 공업, 의료 분야로 사용 범위가 확대되었다. 금의 사용은 석기 시대 유물에서 처음 발견되었다. 고대 이집트 왕조에서 금으로 장식품을 만들고, B.C 3000년쯤에 메소포타미아인들이 금으로 투구를 만들었다. 그 후에는 금화로 만들어져 사용되기도 했다.

금과 같은 무거운 금속 원소들은 우주에서 형성되어 중성자별끼리 충돌하면서 생성된 것으로 여겨져 오고 있다. 금은 갈라진 땅의 틈에서 지표면으로 흘러나오는 기체와 액체가 퇴적되어 형성되므로 금광맥에서 주로 발견된다. 금광맥에서 금을 채취하기 위해서는 굴착기로 땅을 먼저 판 후, 화약을 넣고 폭발시켜서 광석을 부순 후 분쇄소로 운반해서 금을 분리하는 과정을 거친다. 금광맥 이외에도 하천 바닥이나 바닷물 속에서 사금은 발견된다. 이때 금은 은과 섞인 상태거나 납, 방해석, 석영, 아연, 구리 등과 함께 발견된다.

금은 공기가 고온의 물, 질산, 염산, 황산 등의 화학 약품에 부식되지 않는 안정적인 금속이다. 순금은 보통 노란색이지만 붉은색을 반사할 때는 밝은 노란색을 띤다.

또한 적외선을 반사하는 금 콜로이드 용액은 입자의 크기에 따라 붉은색에서 보라색으로 다양하게 나타난다.

순수한 금은 독성이 없어 섭취해도 해가 없다. 필자는 생일 케이크로 치즈케이크 위에 금색 무언가가 있어서 빵집에 전화했더니 금가루라고 하여, 그때 금도 먹을 수 있다는 것을 안 기억이 있다. 이러한 금을 만드는 방법에는 두 가지가 있다. 아말감에서 수은을 휘발시키고 금만 남게 하는 혼홍법과 공기와 시안나트륨의 수용액이 만나서 금을 녹이는 성질을 이용한 시안화법이 있다. 연간 금의 50% 이상이 보석과 장신구로 만들어진다. 금은 안전자산이라고 여겨져 많은 사람이 금에 관심이 있다.

vii. 마치며

필자는 오늘 다양한 보석에 관해 설명하였다. 설명한 보석 외에도 다양한 보석은 존재하고 어느 하나 쉽게 형성된 보석은 없다. 힘겹게 형성된 결정들은 또다시 여러 과정을 거쳐 우리의 손에 오게 된다. 몇천 년의 시간에 걸쳐서 형성되는 보석 결정체도 있다. 인간의 인생은 그에 비하면 매우 짧은 시간이다. 우리는 살아가면서 견디기 힘들고 슬픈 일들을 끊임없이 겪는다. 이러한 시간은 반짝반짝 빛나는 보석처럼 되기 위한 과정이라고 생각한다. 모두가 자기의 삶을 멋지게 가꾸고 닦길 바란다.

- 신혜원 -

책을 마치며

안녕하세요!
공주대학교 벡터 동아리 팀장 황선혁입니다!

책은 재미있게 읽으셨는지요? 기대보다 조금 심심하다고 느끼는 분도 계실 테고, 다채로운 주제들이 제법 흥미롭게 느껴졌던 분도 계실 거라 생각됩니다. 비록 부족할 수 있는 첫 출판물이지만, 저희가 준비한 다양한 콘텐츠들이 여러분들에게 소소하게나마 즐거움을 선사할 수 있었길 기대해 봅니다.

여러분들에게 있어서 과학이란 무엇인가요? 세상의 이치, 우주의 진리, 불변의 법칙 등 여러 가지 무거운 수식어가 있지만, 제게 있어서 과학이란 흥미진진한 판타지 소설이었습니다.

빛이 닿지 않는 어둠 속의 도시 심해 열수구, 과학실에서 고기를 만드는 연금술사들의 이야기, 그리고 밤하늘에서 또 다른 지적 생명체를 찾는 외로운 영장류의 이야기는 아직 연재 중이죠. 이런 마법 같은 이야기들이 지금 이 순간에도 펼쳐지고 있지만, 세간에서의 과학은 흥미로우나 가볍게 읽기엔 역시 조금 부담된다는 느낌이었습니다.

이러한 아쉬움을 해소하기 위해 구성한 것이 바로 벡터 동아리입니다. 무겁게 느껴졌던 과학이란 소재를 대중들이 받아들이기 쉬운 형태로 가공하여 전달하는 것을 목표로 활동했습니다. 실제로 저희 팀명인 벡터라는 개념도, 분자 생물학에서 원하는 유전 물질을 세포가 받아들이기 쉽도록 가공한 DNA 분자를 일컫습니다. 이런 벡터 동아리의 활동 목표가 실제로 잘 달성되었을지 정말 궁금하네요!

물론 과학적인 내용을 쉽게 풀어 전달함에 있어서, 글 작가별로 글 퀄리티가 일정치 못했던 점이나, 전문가들이 보기에 부족하다고 느낄 수 있을 과학적 고증에 대해서는 부족함을 잘 인지하고 있기에 더 신경을 써 봤지만 약간의 아쉬움은 남네요.

이번 첫 출판 작업을 경험 삼아 부족한 부분은 보완하고, 활동을 더 체계화하여 앞으로 더 좋은 콘텐츠로 여러분들을 찾아뵙겠습니다. 이 부분에 대해서는, 감상평을 남겨 주시면 저희 팀이 성장하는 데 큰 도움이 될 것 같습니다!

그리고 벡터 동아리 구성원분들에게 축하와 감사를 표합니다. 출판 작업은 모두 처음 경험이다 보니 여러 시행착오도 겪고, 작업이 지연되기도 해서 지치는 순간들도 있었을 텐데, 마지막까지 자신의 역할을 성실히 수행해 주신 덕분에 비로소 벡터 팀의 첫 출판물, '과학 한 입 베어물기'가 세상에 나올 수 있었지 않나 싶습니다.

끝으로 도서 출판 기회를 열어 주신 공주대학교 생명과학과 측과, 수많은 도서 중 저희 '과학 한 입 베어물기'를 선택하여 읽어 주신 독자분들께 매우 깊은 감사의 뜻을 표합니다.

감사합니다!

2023년 과학의 매개체 벡터 씀.

구나연, 김하은, 신혜원, 오연주,
이세은, 이화진, 정지호, 최성현,
최혜령, 피병권, 한재혁, 허예지, 황선혁

Reference

신의 축복, 노화

1. López-Otín, C., Blasco, M. A., Partridge, L., Serrano, M., & Kroemer, G. (2023). Hallmarks of aging: An expanding universe. Cell, 186(2), 243–278. https://doi.org/10.1016/j.cell.2022.11.001

2. Levy, M. Z., Allsopp, R. C., Futcher, A. B., Greider, C. W., & Harley, C. B. (1992). Telomere end-replication problem and cell aging. Journal of molecular biology, 225(4), 951-960. https://doi.org/10.1016/0022-2836(92)90096-3

3. Bernadotte, A., Mikhelson, V. M., & Spivak, I. M. (2016). Markers of cellular senescence. Telomere shortening as a marker of cellular senescence. Aging, 8(1), 3-11. https://doi.org/10.18632/aging.100871

4. Kim, C., Sung, S., Kim, J. S., Lee, H., Jung, Y., Shin, S., Kim, E., Seo, J. J., Kim, J., Kim, D., Niida, H., Kim, V. N., Park, D., & Lee, J. (2021). Telomeres reforged with non-telomeric sequences in mouse embryonic stem cells. Nature communications, 12(1), 1097. https://doi.org/10.1038/s41467-021-21341-x

5. Ahmed, W., & Lingner, J. (2018). PRDX1 and MTH1 cooperate to prevent ROS-mediated inhibition of telomerase. Genes & development, 32(9-10), 658-669. https://doi.org/10.1101/gad.313460.118

6. Mittler R. (2017). ROS Are Good. Trends in plant science, 22(1), 11-19. https://doi.org/10.1016/j.tplants.2016.08.002

7. Soto-Palma, C., Niedernhofer, L. J., Faulk, C. D., & Dong, X. (2022). Epigenetics, DNA damage, and aging. The Journal of clinical investigation,

8. Loren Graham, 이종식 역. (2021). 리센코의 망령. 동아시아.

9. 위키피디아, DNA methylation", https://en.wikipedia.org/wiki/DNA_methylation, (2022.12.25.)

10. 위키피디아, "Telomere", https://en.wikipedia.org/wiki/Telomere, (2022.12.22.)

11. 사이언스온, "노화", http://scienceon.hani.co.kr/?document_srl=523336 (2022.12.25.)

삶을 갉아먹는 무서운 병 치매

1. Chung, S., Yang, J., Kim, H. J., Hwang, E. M., Lee, W., Suh, K., Choi, H., & Mook- Jung, I. (2021). Plexin-A4 mediates amyloid-β-induced tau pathology in Alzheimer's disease animal model. Progress in Neurobiology, 203, 102075. doi:10.1016/j.pneurobio.2021.102075

2. Lesné, S., Koh, M., Kotilinek, L. et al. (2006). A specific amyloid-β protein assembly in the brain impairs memory. Nature, 440, 352-357. doi:10.1038/nature04533

제로 칼로리 정말 0kcal인가?

1. Naver DataLab. '청량/탄산음료'클릭량 추이(2022.12.01.~23.01.01.) https://data-lab.naver.com/

2. 서울지방시식품의약품안전청. (2023.03.03.). 한눈에 보는 영양표시 가이드라인(민원인안내서). https://mfds.go.kr/brd/m_1060/view.do?seq=15190

3. 김현준, 장준혁, 조세빈. (2022). 헬시플레저 마케팅. 마케팅, 56(2), 59-67.

4. 한국식품안전연구원. '사카린(Saccharin)'. http://kfsri.or.kr/

5. 행정안전부 국가기록원 기록정보서비스. 사카린 사용규제. archives.go.kr

6. 삼성서울병원. 삼성당뇨소식지, 322. http://www.samsunghospital.com/webzine/smcdmedu/322/webzine_322_1.html

7. 서울대학교병원. N 의학정보 '페닐케톤뇨증(phenylketonuria)'. http:/www.snuh.org/health/nMedInfo/nView.do

8. 한국식품안전연구원. '수크랄로스(Sucralose)'. http://www.kfsri.or.kr/02_infor/infor_01_02.asp?idx=93

9. 대한화장품협회. (2017.09.28.). '솔비톨'. https://kcia.or.kr/pedia/search/search_01_view.php?no=179

10. 성진규. (2021.10.13.). 제로칼로리 다이어트 음료, 오히려 체중이 증가한다?!. HiDoc 뉴스. https://www.hidoc.co.kr/healthstory/news/C0000641928

11. 심재헌, 국준희, 장인호, 손정민, 성신우, 지병훈. (2021). 방광암에서 요로 마이크로바이옴의 임상적 의미. 대한비뇨기종양학회지, 19(2), 71-78. doi:10.22465/kjuo.2021.19.2.71

12. Gerasimidis, K., Bryden, K., Chen, X. et al. (2020). The impact of food additives, artificial sweeteners and domestic hygiene products on the human gut microbiome and its fibre fermentation capacity. European journal of nutrition, 59(7), 3213-3230. doi:10.1007/s00394-019-02161-8

나는 김을 어디까지 알고 있나?

1. 김제윤. (2015). 한국산 양식 김에 발병하는 붉은갯병 원인균의 생활사와 감염기작 (국내석사학위논문).

2. 문경현. (2015). 한국 서·남해안 김 양식장의 갯병에 대한 병원별 연구 (국내박사학위논문).

3. 김용태. (2015). 한국산 참김(Pyropia tenera)의 녹반병 관련 발현유전체 분석 (국내석사학위논문).

4. 임수현. (2017). 녹반병 원인 바이러스 PyroV1에 대한 참김의 선천성 면역과 과민반응 규명 (국내석사학위논문).

5. 전제진. (2020). 낭균성 병원균에 의해 유도되는 방사무늬김의 세포예정사 (국내석사학위논문).

6. 강다영. (2021). 비생물적 스트레스에 의한 방사무늬김의 질병 저항성 증가 (국내석사학위논문).

7. Graham, Linda E.. (2010). 조류학(2판). (주)바이오사이언스.

분자 유전학의 꽃, PCR

1. William S. Klug, Michael R. Cummings, Charlotte A. spencer & Michael A. Palladino (2016). 유전학 개념과 원리(11판). (주)바이오사이언스

2. OMIM. (1986). SPINAL MUSCULAR ATROPHY, TYPE I; SMA1. https://www.omim.org/entry/253300

3. 서울아산병원. 척수근육위축(Spinal muscular atrophy ; SMA). 서울아산병원 의학유전학센터. https://www.amc.seoul.kr/asan/depts/amcmg/K/bbsDetail.do?pageIndex=1&menuId=3804&contentId=247255&searchCondition=&searchKeyword=

4. TOGETHER IN SMA. 척수성 근위축, 함께하는 SMA 치료. https://www.togetherinsma.kr/

5. 박도영. (2021.05.28.). 국내 최초 척수성 근위축증 유전자 대체 치료제 졸겐스마는 어떤 약일까. MEDI:GATE NEWS. https://m.medigatenews.com/news/1101986880

6. Wikipedia. (2022.10.11.). 중합효소 연쇄 반응. https://ko.wikipedia.org/wiki/중합효소연쇄반응

7. 원호섭. (2015.04.24). 中 기어이 '맞춤형 아기' 만드나. 매일경제. https://www.mk.co.kr/news/world/6702876

8. 한지아, 김은정. (2020). 스마트 헬스케어. 한국과학기술기획평가원. KISTEP 기술동향브리프, 2020-13.

9. James Fernandez. (2021.04.02). 중증 복합 면역 결핍(SCID). MSD 매뉴얼 일반인용. https://www.msdmanuals.com/

10. VeritiPro™ Thermal Cycler, 96 well. thermofisher. https://www.thermofisher.com/order/catalog/product/kr/ko/A48141

동전의 양면, 기술

1. Dong, X., Milholland, B. &Vijg, J. (2016). Evidence for a limit to human lifespan. Nature 538, 257-259. doi:10.1038/
nature19793

2. Kim, K.-B., & Han, K.-H. (2020). A Study of the Digital Health care Industry in the Fourth Industrial Revolution. Journal of Convergence for Information Technology, 10(3), 7-15. doi:10.22156/CS4SMB.2020.10.03.007

3. 한국보건산업진흥원. (2016). 보건산업 동향 special 디지털 헬스케어. 한국보건 산업진흥원 소식지 보건산업 동향, 49(2016-01), 2-22. https://www.khidi.or.kr/ board/view?inkId=216626&menuId=MENU01778

4. 정재용. (2005). 약물 유전체학과 개인별 맞춤 치료의학. 항공의학, 52(2), 151-160.

5. 보건복지부 국립장기조직혈액관리원. (2022). 2020년도 장기등 이식 및 인체조직 기증 통계연보. https://www.konos.go.kr/board/boardListPage.do?page=sub4_2_1&boardId=30

6. 김민정, 김미경, 유영선. (2020). 식품 3D 프린팅 기술과 3D 프링팅 식품 소재 (Food 3D Printing Technology and Food Materials of 3D Printing). 한국청정기술학회, 26(2), 109-115. doi:10.7464/KSCT.2020.26.2.109

7. 정보통신기술진흥원. (2017.05.31.). 3D 바이오 프린팅 기술 동향 및 전망. 주간기술동향.

8. 추원식, 안성훈. (2008). 바이오 프린팅(Bio Printing) 기술의 소개. 한국 CDE학회 지, 14(1), 5-11.

9. 김성호, 여기백, 박민규, 박종순, 기미란, 백승필. (2015). 3D 바이오 프린팅 기술 현황과 응용. 한국생물공학회. KSBB Journal 30(6).

10. 강현욱 (2018). 인공장기 제작을 위한 3D 바이오 프린팅 기술의 최신 연구 동향. 한국분자세포생물학회. 분자세포생물학 뉴스레터(2018-04).

11. TheScienceTimes. (2019.09.11.). "3D 프린터로 온전한 구조 갖춘 미니 심장 제조". https://www.sciencetimes.co.kr/news/3d-프린터로-온전한-구조-갖춘-미 니-심장-제조/

12. 이정숙. (2019). 장내미생물의 재발견 : 마이크로바이옴. 생명공학정책연구센터. BioINpro, 68, 1-13

13. Ley, R. E., Turnbaugh, P. J., Klein, S., & Gordon, J. I. (2006). Microbial ecology: human gut microbes associated with obesity. Nature, 444(7122), 1022-1023. doi:10.1038/4441022a

14. 생명공학정책연구센터. (2019) 글로벌 마이크로바이옴 시장현황 및 전망-헬스 케어 분야를 중심으로. 바이오인더스트리, 136, 1-10

15. Walker, A. W., & Parkhill, J. (2013). Microbiology. Fighting obesity with bacteria. Science (New York, N.Y.), 341(6150), 1069-1070. doi:10.1126/science.1243787

16. Park, S. Y., & Kim, W. J. (2018). A Study of Fecal Calprotectin in Obese Children and Adults. Journal of obesity & metabolic syndrome, 27(4), 233-237. doi:10.7570/jomes.2018.27.4.233

17. 김우진 (2022). 인체 질병 관련 장내 마이크로바이옴의 연구동향. BRIC View 2022-T12. Available from https://www.ibric.org/myboard/read.php?Board=report&id=4227 (Aug. 03, 2022)

18. 한국과학기술한림원 공식 Youtube, '거대한 생태계, 마이크로바이옴 연구의 미래'

19. 조경숙. (2021). 우리나라 만성질환의 발생과 관리 현황. 질병관리청. 주간 건강과 질병, 14(4), 166-177.

20. 질병관리청 만성질환건강통계

21. 백경란. (2022). 2022 만성질환 현황과 이슈. 질병관리청.

22. 이상영. (2004). 만성질환 관리를 위한 지속적 건강관리체계 구축. 보건복지 포럼, 87(0), 72-81.

23. 이민경. (2017). 4차 산업혁명 시대의 헬스케어 동향과 시사점. KDB 산업은 행 산 업기술리서치센터. Weekly KDB Report.

24. PricewaterhouseCoopers LLC. (2019). Action required: The urgency of addressing social determinants of health. A PwC Health Research Institute report.

25. 강월석, 양해슬. (2012). 스마트융합시대 취약계층에 대한 정보격차 해소 방안. 디 지털융복합연구, 10(1), 29-38.

26. 윤정섭, 손은정. (2021). 포스트 코로나 시대의 디지털 양극화. 과학기술정책 연 구원. Future Horizon+, 50(3), 7-12. https://www.stepi.re.kr/site/ste-piko/PeriodicReportView.do?pageIndex=1&cateTypeCd=&tgtTypeCd=&searchType=&reIdx=56&cateCont=A0505&cbIdx=1292&searchKey=

27. 신영전. (2019). 인간을 압도하는 과학기술 시대의 보건복지. 보건사회연구, 39(1), 5-10.

뇌와 컴퓨터의 만남

1. Pfurtscheller, G. (2002). Brain-Cmputer Interfaces for communication and control. Clinical Neurophysiology, 113, 767-791.

2. 김도영, 이재호, 박문호, 최윤호, & 박윤옥. (2017). 뇌파신호 및 응용 기술 동향. [ETRI] 전자통신동향분석, 32(2), 0-0.

3. Zander, T. O., & Kothe, C. (2011). Towards passive brain-computer interfaces: applying brain-computer interface technology to human-machine systems in general. Journal of neural engineering, 8(2), 025005.

4. Simeral, J. D., Hosman, T., Saab, J., Flesher, S. N., Vilela, M., Franco, B., ... & Hochberg, L. R. (2021). Home use of a percutaneous wireless intracortical brain-computer interface by individuals with tetraplegia. IEEE Transactions on Biomedical Engineering, 68(7), 2313-2325.

지구를 뒤덮은 우주 쓰레기

1. 최정희. (2020.11.24.). 우주 쓰레기, 누가 어떻게 처리할 것인가?. 전북일보.

2. 최준민. (2016). 우주 폐기물[쓰레기] 제거 방식에 대한 고찰. 한국항공우주연구 원. 항공우주산업기술동향, 14(2), 43-54. ”

3. 정영진. (2021). 2040년 세계 우주경제 규모 27조 달러까지 성장 전망. 경제정보센 터. 나라경제, ISSUE, 373(2021-12)

4. TheScienceTimes. (2021.09.13.). 돛을 활짝 펼쳐 우주쓰레기 제거한다. https:// www. sciencetimes. co. kr/news

5. 네이버 지식백과. ‘열 폭주’

6. 곽노필. (2021.10.09.). 역발상으로 찾아낸 우주쓰레기 퇴치법⋯배터리에 불을 붙여라. 한겨레. https://www.hani.co.kr/arti/science/science_general/1014218.html

7. 김민재. (2022.02.16.). 우주 쓰레기들을 제거할 우주 청소기들. TheScience-Times. 과학핫이슈. https://www.sciencetimes.co.kr/news

8. 동아사이언스. (2021.06.18.). [우주산업 리포트] 우주 쓰레기 청소 사업에 나선 기업들. http://m.dongascience.com/news.php?idx=47358

9. 김수철. (2021.11.24.). 우주 쓰레기 어떻게 치우나. 케미컬뉴스. http://www.chemicalnews.co.kr/news/articleView.html?idxno=4368

10. 서울신문. (2021.01.12.). [유용하 기자의 사이언스 톡] 지구 밖 우주쓰레기 1억 만개⋯ 누가 치우나요.

11. Freepik. 'Galaxy night panorama' https://www.freepik.com/free-photo/galaxy-night-panorama_13140071.htm#page=58&query=space%20junk&position=0&from_view=search&track=ais

내가 가진 가장 빛나는 보석은 뭘까?

1. 차형준, 반소영. (2018.03.28.). 바다의 보석, 진주층 형성의 이해. 포항공대신문. http://times.postech.ac.kr

2. 동아사이언스. (2019.06.16.). 지구 것 아닌 금(金) 출처는 대형 별 초신성 폭발. https://www.dongascience.com

3. macca. (2017). 세계 다이아몬드 매장량 순위. 세계의 다이아몬드 채굴에 대해. https://macca.ru/ko/reiting-po-zapasam-almazov-v-mire-o-dobyche-almazov-v-mire/

4. 헤럴드경제, (2015.04.09.). 4월의 탄생석, 다이아몬드 "250톤 자갈·바위 캐야1캐럿 나와". https://news.heraldcorp.com/view.php?ud=20150409000965

5. 박차영. (2022.03.12.). 고대인의 보석 사랑이 만든 '호박의 길'. 아틀라스뉴스. http://www.atlasnews.co.kr/news/articleView.html?idxno=4860

6. 문희수. (2005.12.29.). [문희수교수의보석상자] 호박. 중앙일보. https://www.joongang.co.kr/article/1777471#home

7. 한국보석정보센터. http://www.kgic.kr/

8. 익산열린신문. (2017.12.18.). 바다 속 보석 '산호(Coral)'. https://www.iksa-nopennews.com/news/articleView.html?idxno=471665

9. 김성희 외. (2020.11.03.). 오팔(Opal) 이야기. 귀금속경제신문사. http://dia-monds.co.kr/home/newsBoard.php?mid=96&r=view&uid=231134

10. 귀금속경제신문사. (2003.09.13.). 금세기 최고의 인기보석 사파이어. http://diamonds.co.kr/home/newsBoard.php?mid=96&r=view&uid=24656

11. 이지현. (2019.11.19.). 호박, 과거에서 온 타임머신!. 어린이동아. https://kids.donga.com/mobile/?ptype=article&no=20191119180421346230

12. Iran Online Stone Bazaar. (2020.10.03.). A variety of gemstones. https://stonebazar.co/en/a-variety-of-gemstones/

13. KGIC 학술정보. 자수정, 보석이야 치료제야 최고 품질 국산자수정 건강 신소재로 각광… 원적외선 사우나·파우더팩 등 속속 선보여. http://www.kgic.kr/ study/1767

14. KGIC 보석정보. 'Aquamarine 아쿠아마린'. http://www.kgic.kr/info/1106

15. FOSSILERA MINERALS. 4.8" Milky Quartz Crystal Cluster-Diamond Hill, SC. https://www.fossilera.com/minerals/4-8-milky-quartz-crystal-cluster-diamond-hill-sc

16. 코리아 진주·보석감정원. (2003.09.03.). 광물(보석)의 형성과정과 산출. http://www.pearl-lab.co.kr

17. 두산백과. '수정'. https://terms.naver.com

18. 한국보석정보센터 http://www.kgic.kr/

19. (사)한국보석감정사협회. (2021.07.28.). 루비:레드 플래닛. http://www.gak.or.kr/

20. 목포자연사박물관. '녹주석(Aquamaline with mica)'. https://museum.mokpo.go.kr